CAUSES ET MÉCANISME

DE LA

COAGULATION DU SANG

ET DES

PRINCIPALES SUBSTANCES ALBUMINOÏDES.

Clichy. — Imp. Paul Dupont, rue du Bac-d'Asnières, 12.

CAUSES ET MÉCANISME

DE LA

COAGULATION DU SANG

ET DES

PRINCIPALES SUBSTANCES ALBUMINOÏDES

PAR

LE D^r ED. MATHIEU

Médecin-major, agrégé libre de l'École du Val-de-Grâce

ET

V. URBAIN

Ingénieur, répétiteur à l'École Centrale.

PARIS

G. MASSON, ÉDITEUR

LIBRAIRE DE L'ACADÉMIE DE MÉDECINE

17, PLACE DE L'ÉCOLE-DE-MÉDECINE, 17

1875

Les expériences qui font l'objet de ce mémoire ont été poursuivies
pendant plusieurs années à l'École d'application du Val-de-Grâce, à
l'École Centrale et au Muséum d'histoire naturelle. Nous prions
MM. les Directeurs et Professeurs qui ont mis les ressources de
ces établissements à notre disposition d'agréer nos remercîments.

EXPOSITION SOMMAIRE DU SUJET

SERVANT DE TABLE DES MATIÈRES.

PREMIÈRE PARTIE.

Coagulation du sang et des liquides fibrineux.

DEUXIÈME PARTIE.

Coagulation musculaire ou rigidité cadavérique.

TROISIÈME PARTIE.

La coagulation de l'albumine et sa transformation en globuline.

QUATRIÈME PARTIE.

La caséine et la coagulation du lait.

CAUSES ET MÉCANISME

DE LA

COAGULATION DU SANG

ET DES

PRINCIPALES SUBSTANCES ALBUMINOÏDES.

PREMIÈRE PARTIE.

COAGULATION DU SANG ET DES LIQUIDES FIBRINEUX.

La coagulation du sang est due à la fibrine qui se trouve en dissolution dans le plasma et qui se prend en masse par le repos ou s'isole par le battage, lorsque le liquide sanguin est retiré des vaisseaux. La dissolution de la fibrine, longtemps contestée, a été mise hors de doute par Muller[1] et par M. L. Figuier[2] qui ont pu séparer des globules sanguins un plasma spontanément coagulable. Mais si l'on connaît la substance à laquelle

[1] Muller, *Poggendorf's Annal.*, 1831, t. XXV.
[2] L. Figuier, *Comptes rendus de l'Acad. des Sc.*, Paris, 1844, t. XIX, p. 101.

il faut rapporter la coagulation du sang, on est loin d'être d'accord sur la cause qui détermine la transformation de la fibrine fluide dans les vaisseaux, en fibrine coagulée.

La difficulté de donner une explication plausible du phénomène a conduit à analyser minutieusement les conditions dans lesquelles il se produit. On a espéré trouver une solution dans l'étude des circonstances, soit physiques, soit chimiques, qui peuvent intervenir au moment de la formation du coagulum. Les seuls résultats positifs que l'on ait tirés de cette recherche, c'est que l'apparition des caillots est accélérée par le contact de l'air, ou de l'oxygène ambiant, et retardée par le mélange des alcalis ou de certains sels neutres avec le sang.

Ces conditions ont paru accessoires, et l'on est porté aujourd'hui à rattacher la coagulation du sang à une action de présence, à une force catalytique. Le principe soluble, fibrinogène ou plasmine, renfermé dans le sang normal, deviendrait insoluble par suite d'une transformation isomérique, ou d'un dédoublement, se produisant au contact de l'air ou des substances dites fibrinoplastiques. Sans nier les expériences sur lesquelles repose cette explication, on doit reconnaître qu'elle manque de netteté ; aussi de bons esprits se demandent encore si la fibrine n'est pas à un état de division extrême dans le sang des êtres vivants ; la prise en masse consisterait dans l'agglutination de ces particules sous diverses influences.

Cette dernière interprétation ne saurait être admise ; trop de faits prouvent que la fibrine est dissoute dans le plasma sanguin. Mais nous croyons que sa conversion en un produit insoluble est un phénomène de précipitation chimique, empêché ou ralenti par les corps alcalins et déterminé par les acides. L'acide carbonique, produit constant des oxydations organiques, nous a paru être l'agent de la coagulation spontanée du liquide sanguin. L'obstacle à cette coagulation pendant la vie résiderait dans les globules rouges, dont la fonction spéciale serait de fixer non-seulement l'oxygène, mais encore l'acide carbonique du sang. Comme conséquence, l'action coagulante du gaz acide ne pourrait pas s'exercer dans les conditions physiologiques ; mais elle se manifesterait dès qu'une circonstance, extérieure ou morbide, produirait un excès d'acide carbonique, ou amènerait la libération de celui qui est combiné normalement aux hématies.

Nous établirons : 1° que l'acide carbonique est un agent de coagulation pour le sang ; 2° que les globules rouges sont aussi avides d'acide carbonique que d'oxygène. Ces principes posés, nous examinerons : 3° les différents mécanismes qui président à la formation des caillots, à l'air ou dans l'intérieur des vaisseaux ; 4° les influences physiques ou chimiques qui accélèrent ou retardent leur apparition.

CHAPITRE I.

L'acide carbonique est l'agent de la coagulation spontanée du sang et de la fibrine.

Il résulte d'expériences déjà publiées [1] que l'acide carbonique contenu dans l'albumine de l'œuf, ou le sérum sanguin, est la cause de la coagulation de ces liquides sous l'influence d'une élévation de température. Les liqueurs albumineuses privées d'acide carbonique sont incoagulables, même à 100°, et elles recouvrent leur propriété primitive en présence de l'acide gazeux qu'on leur a enlevé. Aussi l'on pouvait supposer, en se laissant guider par l'analogie, que la relation observée entre le gaz de l'albumine et sa coagulation par la chaleur s'observerait également entre les gaz du sang et les caillots fibrineux, puisque l'on a rapproché de tout temps les deux coagulations [2].

Mais, avant de tenter des recherches sur l'albumine, nous avions obtenu un sang fluide, dépouillé de gaz, incoagulable à l'air et se coagulant parfaitement au contact de l'acide carbonique. Nous réserverons donc la question de l'albumine ou du sérum, et nous exposerons méthodiquement les faits qui conduisent à rattacher la formation spontanée des caillots sanguins au gaz acide contenu dans le sang.

[1] *Comptes rendus de l'Acad. des Sc.*, Paris, 29 septembre 1873.
[2] F. Papillon, *Moniteur scient.*, janvier 1874.

1° Expériences établissant une relation entre les gaz et la coagulation du sang.

Ces expériences, entreprises dans un but étranger à celui que nous poursuivons actuellement, prouvent que oxygène ou l'acide carbonique du sang interviennent pendant sa coagulation. Elles forment deux séries distinctes.

Les premières consistaient à prendre, à un animal vivant, du sang que l'on divisait à l'abri du contact de l'air en deux portions ; l'une était analysée immédiatement, l'autre était conservée dans un espace clos, à la température du corps, et analysée une ou plusieurs heures après. Par conséquent, la première analyse était faite avant que la coagulation ne fût commencée, tandis que la seconde portait sur le même sang coagulé depuis quelque temps. Ce sang conservé contient toujours moins d'oxygène que celui qui sert de terme de comparaison, le fait n'a rien d'anormal ; mais très-souvent, il contien aussi moins d'acide carbonique dégagé par le vide et une température inférieure à 60°, sans l'intervention d'un acide.

Exp. 1. — *Quantité de gaz dégagé par 100^{cc} de sang, conservé à 38° et analysé avant et après la coagulation.*

	SANG CONS. 3/4 D'H.		CONSERVÉ 1 H. 30		CONSERVÉ 2 H.		CONSERVÉ 3 H.	
	avant	après	avant	après	avant	après	avant	après
O =	15^{cc},25	13,75	18,25	12,75	14,25	7,30	21,25	12,45
CO^2 =	48^{cc},05	39,38	50,00	44,85	47,00	46,00	53,75	47,28
O disparu =	1^{cc},50		5,50		6,95		8,80	
CO^2 disparu =	8^{cc},67		5,15		1,00		6,47	

La diminution simultanée des deux gaz nous a long-temps préoccupés. Fallait-il rapporter à la coagulation plus complète du sang conservé la disparition de l'oxygène et de l'acide carbonique renfermés primitivement dans le liquide ; ou bien devait-on l'attribuer à quelque autre circonstance ? La diminution de l'oxygène indiquait une oxydation, mais cette oxydation impliquait une production et non une soustraction d'acide carbonique. Sans doute d'autres analyses rapportées ailleurs [1] ont accusé en même temps qu'une diminution de l'oxygène une augmentation de l'acide carbonique, mais ce résultat prévu rendait moins compréhensibles les chiffres donnés par tout un groupe d'expériences analogues.

Une perte d'acide carbonique pendant la durée de la conservation était peu probable, car la disposition de l'appareil mettait le sang conservé entre deux couches de mercure (V. *fig.* 3). Des erreurs de dosage n'étaient pas plus admissibles ; la quantité d'acide carbonique disparu, notée dans le tableau 1, atteint en moyenne 5^{cc}, et, d'après le tableau 4, elle s'élève à 7^{cc} 0/0. Or la limite d'erreur que comportent ces dosages et analyses oscille autour de 1^{cc} seulement, en plus ou en moins. Les irrégularités restaient sans explication.

La seconde série d'expériences démontre plus nettement peut-être le rapport étroit qui existe entre la coagulation du sang et les gaz qu'il renferme. Lorsqu'un

---

[1] Des gaz du sang, *Arch. de Physiol.*, 1872, t. IV, p. 197.

chien est soumis à l'influence d'une chaleur rayonnante,
de manière à élever rapidement sa température rectale,
le sang que l'on retire des artères pendant l'insolation,
ou des veines caves et du cœur droit après la mort, est
très-pauvre en gaz [1]. Le sang artériel à un certain
moment manque, pour ainsi dire, d'acide carbonique et
le sang veineux d'oxygène. Ces deux sangs, exposés à
l'air, se coagulent plus ou moins rapidement; mais, à
l'abri de l'air, ils restent très-longtemps fluides; laissés
dans les vaisseaux ou introduits dans l'aspirateur à mercure (*fig.* 3), on peut les conserver plusieurs heures sans
qu'ils soient coagulés.

Exp. 2. — *Proportion de gaz renfermés dans 100cc de sang peu
coagulable, provenant d'animaux dont on a élevé artificiellement la température.*

	AVANT LA MORT.			APRÈS LA MORT PAR LA CHALEUR.			
	sang artériel.	s.veineux.		sang du cœur droit.	non coag.	coagulé.	
O =	25cc,00	11,79	2,00	0,46	0,25	0,71	1 45
CO² =	17cc,85	14,15	39,00	35,35	44,45	45,48	41,90

Acide carbonique disparu après la coagulation = 3cc,58

Ce même sang, artériel ou veineux, conduit directement du vaisseau au récipient de l'appareil pneumatique
à mercure (V. *fig.* 2), peut être privé de tous ses gaz
avant qu'il présente la moindre trace de coagulation.
Exposé ensuite au dehors, *il ne se coagule plus.* Nous
n'affirmons pas que cette expérience réussisse toujours;
le sang des animaux insolés est coagulable à l'air et il

---

[1] Vallin, *Arch. gén. de méd.*, 1870, p. 150; et Cl. Bernard, *Revue
scientif.*, 1871, p. 185.

peut présenter quelques grumeaux fibrineux, avant
l'extraction totale des gaz qu'il renferme, si on a chauffé
l'appareil trop brusquement, par exemple, ou bien lorsqu'on n'a pas pris les précautions nécessaires afin d'éviter tout contact atmosphérique. Mais il suffit de con-
naitre ces difficultés pour apprendre à les éviter et pour
obtenir un résultat positif.

Ainsi, voilà un sang *privé de gaz*, et qui n'est plus
coagulable, même si on l'agite à l'air libre. Cependant
il rougit sensiblement à la suite du battage, et, abandonné
à lui-même dans un vase ouvert, on le trouve coagulé
après un ou deux jours. Ce sang n'est donc pas profondément altéré, au point de vue qui nous occupe, et la
fibrine ne lui fait pas défaut, bien qu'elle soit un peu dif-
fluente. Par conséquent, on ne saurait rapporter qu'à la
disparition des gaz l'absence momentanée de coagulation.

Dans ces deux catégories d'expériences, sang conservé ou sang d'un animal insolé, l'oxygène ou l'acide
carbonique indifféremment pouvaient être mis en cause.
L'influence particulière de chacun d'eux méritait d'être
étudiée.

**2° L'oxygène n'intervient pas directement dans le phénomène
de la coagulation du sang.**

Il existe une théorie de la coagulation, à laquelle
MM. Virchow et Cohn [1] ont prêté l'autorité de leurs

[1] Virchow, *Gesammelte Abhandlungen*, Frankfurt, 1858, pp. 104
et 138.

noms, et qui attribue la production des caillots sanguins à un travail d'oxydation, portant sur la substance coagulable ou le *fibrinogène*, normalement dissous dans le plasma. L'oxygène nécessaire proviendrait tantôt de l'hémoglobine, ce qui expliquerait la coagulation dans l'intérieur du vaisseau ou dans le vide, tantôt de l'atmosphère, dont on connaît l'influence accélératrice.

Cette explication est d'une simplicité séduisante, et plusieurs expériences paraissent la confirmer. Ainsi, la fibrine du sang oxygéné des artères est plus compacte et plus élastique que celle du sang veineux ; sa coagulation est plus rapide et le contact de l'air, ou plutôt de l'oxygène ambiant, hâte toujours l'apparition du caillot. Récemment encore, M. Bert constatait la réalité de cette influence dans des circonstances spéciales[1]. Enfin, après l'extraction des gaz du sang à l'aide de la pompe à mercure, on peut être surpris de trouver très-fluide un sang dont la température a été portée quelquefois jusqu'à 70 ou 80°.

Malheureusement, chacun de ces arguments est susceptible d'objections ou plutôt d'interprétations différentes. La fermeté du caillot artériel, comparé au caillot veineux, tiendrait à une différence de constitution et de structure, d'après Denis[2]. L'influence accélératrice de l'oxygène de l'air ou du sang se rattache à un simple déplacement de gaz, comme nous espérons le démontrer.

[1] Bert, *Comptes rendus Soc. biologie*, 7 février 1873.
[2] Denis, *Mém. sur le sang*, 1859, p. 40.

Quant au sang ordinaire privé de gaz, et que la chaleur ne modifie pas, son albumine est devenue simplement incoagulable par suite du départ de l'acide carbonique ; mais sa fibrine est coagulée. On la retrouve sous forme de grumeaux peu colorés, si l'on prend le soin de filtrer la liqueur et de laver ce qui reste sur le filtre.

Le sang des animaux insolés de la dernière expérience demeure bien fluide et sans grumeaux fibrineux, après avoir été dépouillé de ses gaz, mais il ne se coagule pas immédiatement, lorsqu'il est exposé ou agité à l'air. Si l'oxygène était l'agent réel de la coagulation, celle-ci devrait se produire peu de temps après l'exposition du sang au dehors, tandis qu'il n'en est rien. Le liquide sanguin de couleur foncée prend une teinte plus claire au contact de l'air ambiant, mais des coagulums n'apparaissent qu'après plusieurs jours ; on trouve alors de l'acide carbonique dans la liqueur, et des traces seulement d'oxygène. Ce long retard dans la production d'un phénomène qui se montre si rapidement, dans les conditions normales, prouve tout au moins que l'oxygène n'est pas une cause directe de coagulation.

Cependant, dans notre première série d'expériences, qui consiste à analyser le même sang avant et après la coagulation, on voit l'oxygène disparaître dans la partie qui a été conservée. Mais cette absorption ne se lie nullement à la formation du caillot, car du sang défibriné s'oxyde aux dépens de l'oxygène qu'il contient, dans la même proportion que le sang non dépourvu de fibrine.

Exp. 3. — *Quantité d'oxygène absorbé par du sang conservé à 38°.*

100cc de sang *non défibriné*, conservé à 38° à l'abri de l'air,
perdent :

	en 3/4 d'h.	en 1 heure.	en 1h30.	en 2 heures.	en 3 heures.
O disparu =	1cc,50	3,64	5,50	6,95	8,80

100cc de sang *défibriné*, conservé à 28° à l'abri de l'air, perdent :

	en 35 minut.	en 1h30.	en 2h30.	en 3h30.	en 5h30.
O disparu =	1cc,20	5,44	7,86	9,55	14,23

D'après ce tableau, le sang ne contenant pas de
fibrine est aussi oxydable que le sang non défibriné ; il
le serait même davantage, puisqu'une température basse
tend à ralentir les oxydations, et que cette température
était moins élevée dans la seconde série d'analyses. Par
conséquent, la coagulation du liquide sanguin paraît indépendante de l'oxygène disparu pendant la durée de la
conservation.

On peut conserver du sang dans des conditions telles
que les oxydations intimes dont il est le siége soient à
peu près supprimées, et la coagulation ne s'en produit
pas moins. Ainsi, en tenant du sang normal dans un vase
hermétiquement clos, à une température moyenne de
12°, on ne constate pour ainsi dire aucune disparition
d'oxygène après la coagulation ; la quantité d'acide carbonique, au contraire, a sensiblement diminué.

Exp. 4. — *Quantité d'acide carbonique disparu pendant la coagulation de 100cc de sang conservé à une température moyenne de 12°.*

	SANG A 15°		SANG A 14°		SANG A 10°	
	analyse immédiate.	retardée 1h30.	analyse immédiate.	retardée 2h30.	analyse immédiate.	retardée (3 heures.)
$O^2 =$	22cc,50	22,00	25,50	25,29	20,50	20,00
$CO^2 =$	49cc,00	40,95	45,00	42,94	54,50	42,50
CO^2 disparu $=$	8cc,05		2,06		12,00	

Étant données ces doubles analyses d'un même sang, l'une faite immédiatement, l'autre retardée, on voit la proportion d'oxygène rester à peu près égale dans l'une et dans l'autre analyse. Cependant la coagulation du sang, conservé à une basse température, a été constatée au moment du deuxième dosage ; on ne saurait donc attribuer à un simple phénomène d'oxydation la formation des caillots renfermés dans le liquide.

Chacune de ces expériences tend à démontrer que l'oxygène n'intervient pas directement dans la transformation de la fibrine dissoute en fibrine coagulée. D'un autre côté, à supposer que l'hypothèse fût exacte, il faudrait rechercher et dire les conditions qui permettent quelquefois et empêchent habituellement le sang oxygéné des artères et des veines de se coaguler pendant la vie, problème resté sans solution jusqu'à présent. Mais nous avons partagé à une époque l'opinion de MM. Cohn et Virchow, et c'est l'expérience suivante, seulement, qui nous a fait renoncer à cette manière de voir.

M. Cl. Bernard[1] a reconnu que l'oxygène fixé aux globules sanguins était déplacé très-vite par l'oxyde de carbone ; aussi l'on pouvait employer ce gaz pour éliminer complétement l'oxygène du sang et observer la marche de la coagulation. Un peu de sang a été reçu à l'abri du contact de l'air, dans un vase de grande dimension plein d'oxyde de carbone. Dès le début de l'opération, un courant du même gaz, purifié avec grand soin, a passé dans le liquide qui s'est coagulé malgré le déplacement gazeux. En refroidissant le vase de manière à retarder la coagulation, on constate assez facilement que l'oxyde de carbone a éliminé la totalité de l'oxygène combiné aux globules, avant que les caillots apparaissent. Dans une de ces expériences, le sang artériel emprunté à un animal vigoureux a donné à l'analyse zéro d'oxygène, alors que ce chiffre devait s'élever à 22 ou 25 0/0 ; malgré l'absence constatée de ce gaz, les coagulums s'étaient produits.

Cette tentative a été répétée plusieurs fois sans plus de succès ; quelles que soient les précautions dont on s'entoure, on n'arrive pas à empêcher ou même à retarder la coagulation du sang par la seule élimination de l'oxygène. L'agitation dans l'oxyde de carbone met bien obstacle à la prise en masse, mais les caillots existent, on n'a fait que les fragmenter. On trouvera au paragraphe suivant le moyen qu'il faut associer à la désoxygénation, si l'on veut obtenir un liquide incoagulable spontané-

[1] Cl. Bernard, *Leçons sur les substances toxiques*, 1857, p. 179.

ment. Mais, de ce résultat négatif, on peut déjà conclure qu'il est impossible d'invoquer une simple oxydation, pour expliquer le changement d'état que la fibrine éprouve à la sortie du sang hors des vaisseaux.

Rappelons, en terminant, que l'oxyde de carbone, s'il déplace l'oxygène fixé aux globules sanguins, reste à peu près sans action sur l'acide carbonique. Du sang, agité avec un excès d'oxyde de carbone, a donné à la pompe à mercure les chiffres qui suivent :

Exp. 5. — *Volume d'acide carbonique renfermé dans 100 c de sang traité par l'oxyde de carbone.*

MÊME SANG		MÊME SANG		MÊME SANG	
normal.	avec CO.	normal.	avec CO.	normal.	avec CO.
$CO^2 = 52^{cc},10$	47,61	52,75	48,64	58,50	56,45

Nous croyons être en mesure de prouver que l'oxyde de carbone ne s'oppose pas à la coagulation du sang, par ce que ce gaz n'élimine l'acide carbonique que très-imparfaitement.

3° L'acide carbonique provoque la coagulation immédiate d'un sang non coagulé.

En parcourant les expériences qui établissent un rapport entre les gaz et la coagulation du sang, on voit la proportion d'acide carbonique contenu dans le liquide décroître après l'apparition du caillot. Cette diminution s'observe si l'on attend que la coagulation soit aussi complète que possible, avant de procéder à l'analyse ; elle s'observe surtout lorsque la coagulation est ralentie et les oxydations intimes suspendues par le refroidissement.

EXP. 6. — *Quantité d'acide carbonique disparu pendant la coagulation de 100ᶜᶜ de sang, d'après les analyses précédentes.*

	EXP. 1. SANG CONSERVÉ A 38°.				EXP. 2.	EXP. 4. SANG CONS. A 12°.		
CO_2 disparu =	8ᶜᶜ,67	5,15	1,00	6,47	3,58	8,05	2,06	12,00

Dans ces expériences où un sang analysé immédiatement a été comparé au même sang conservé quelque temps en vase clos, la diminution a atteint en moyenne 6ᶜᶜ70 0/0. Cependant la durée de la conservation tend à augmenter la proportion d'acide carbonique dans le sang conservé, et non à la diminuer, car l'oxygène fixé aux globules rouges disparait peu à peu, quand la température est favorable, et une quantité à peu près équivalente d'acide carbonique s'y substitue. Le fait a besoin à peine d'être démontré.

EXP. 7. — *Évaluation des combustions dont le sang oxygéné est le siége.*

100ᶜᶜ de sang défibriné, conservé à l'abri de l'air à 28°, ont donné

	Avant l'exp.	35′ après.	1ʰ30 apr.	2ʰ30 apr.	3ʰ30 apr.	5ʰ30 apr.	le lendem.
O =	21ᶜᶜ,50	20,30	16,06	13,64	11,51	7,27	0,00
CO_2 =	36ᶜᶜ,15	38,78	42,42	45,15	47,28	52,12	60,00

100ᶜᶜ de sang défibriné, conservé à l'abri de l'air à 38°, ont donné

	Avant l'exp.	1 h. après.	2 h. après.	4 h. après.	le lendem.	
O =	21ᶜᶜ,40	20,70	19,50	16,80	0,00	Le sang a été conservé jusqu'au lendemain à la température ambiante.
CO_2 =	53ᶜᶜ.49	53,72	55,00	58,70	74,09	
Total =	74ᶜᶜ,89	74,42	74,50	75,50	74,09	

Une heure de conservation représenterait pour le sang 2 ou 3ᶜᶜ d'acide carbonique de supplément. Par suite, la disparition du gaz dans le sang dont on a attendu la coagulation doit être assez marquée, puisqu'elle devient appréciable malgré la compensation qui modifie les résultats de l'analyse. On verra, en effet, que la fibrine exige pour se coaguler une certaine quantité d'acide carbonique, bien qu'elle entre dans la composition du plasma dans la proportion de $0^{gr},30$ de fibrine sèche seulement, pour 100^{cc} de sang normal [1].

Mais ces analyses n'entraînaient qu'une probabilité. Du sang conservé à l'air ou même dans le vide tend à devenir ammoniacal, et la disparition de l'acide carbonique pouvait se rattacher à une plus grande alcalinité du liquide. Il était indispensable de rechercher des preuves directes de la participation du gaz acide au phénomène de la coagulation. Trois ou quatre variétés d'expériences établissent que le sang devenu incoagulable à l'air, après le départ de l'acide carbonique, recouvre sa propriété première en présence du même gaz.

§ Différentes manières d'enlever son acide carbonique au sang et de le rendre incoagulable.

On sait déjà que le sang d'un chien, mort par l'action de la chaleur, se coagule très-lentement lorsqu'il reste à l'abri du contact de l'air. Aussi il est possible généralement, en pénétrant par la veine jugulaire, d'aller le chercher dans les veines caves, de l'introduire par aspiration dans l'appareil pneumatique et de le priver complétement de ses gaz, sans qu'il présente la moindre appa-

---

[1] Prevost et Dumas. *Bibl. univ. de Genève,* 1821, t. VIII.

rence de coagulum. Retiré ensuite du ballon d'analyse, on constate qu'il ne donne plus de fibrine lorsqu'il est battu à l'air, et qu'il faut un jour ou deux pour qu'une coagulation spontanée s'y produise. Ce sang veineux était à peine oxygéné (V. *exp.* 2), mais il renfermait de 35 à 45^{cc} d'acide carbonique 0/0, c'est donc à la soustraction du gaz acide qu'il faut rapporter la perte de la coagulabilité à l'air.

Comme contre-épreuve, si l'on rend de l'acide carbonique à ce sang non coagulé, il se coagule presque immédiatement. Les caillots diffèrent suivant que l'acide gazeux passe sous forme de courant dans le liquide, ou est laissé à son contact sous une cloche. Dans le premier cas, la fibrine s'isole à l'état de grumeaux filamenteux, comme après un battage ; dans le second, le sang se prend en caillots volumineux.

Les gaz autres que l'acide carbonique, tels que l'hydrogène, l'azote, l'oxyde de carbone ou l'oxygène, sont impuissants à produire la coagulation du sang, resté fluide, après l'extraction de ses gaz. Il y a cependant une réserve à faire au sujet de l'*oxygène*, qui détermine avec le temps la formation de coagulums. Mais l'acide carbonique serait encore le véritable agent de la coagulation, car ces *coagulations tardives* se lient à une reproduction de gaz acide, survenue par l'oxydation spontanée de certaines substances oxydables du liquide sanguin ; l'expérience 7 et celles qui ont trait à la production des caillots dans les liquides plasmatiques le démontrent surabondamment. (V. *exp.* 12, 13, 15, 36 et 44.) L'oxygène aurait donc une influence indirecte, parce qu'il peut devenir une source d'acide carbonique; nous verrons qu'il en a une seconde plus immédiate, lorsque nous nous occuperons de la coagulation du sang normal exposé à l'air (V. *exp.* 33).

On peut objecter au fait précédent que le sang sur lequel on a expérimenté était emprunté à un animal mort par la chaleur, et que cette circonstance a pu amener son altération. Les expériences suivantes n'encourent pas le même reproche et conduisent à des conclusions identiques.

Il est reconnu que le sang qui sort des glandes, le *sang veineux des reins* particulièrement, est très-peu coagulable; par le battage surtout, il ne donne pas de fibrine (Simon). Pour expliquer cette anomalie, on a dit que la matière coagulable était détruite dans la glande [1] ou qu'elle s'y rencontrait à un état particulier [2]. Mais ni l'une ni l'autre de ces hypothèses ne supporte l'examen. On constate que le sang rouge provenant des reins se coagule avec le temps; la fibrine ne lui manque donc pas, et, pour vérifier si elle est en proportion normale, il suffit de faire intervenir quelques bulles d'acide carbonique; les caillots ne tardent pas à apparaître. Comme conséquence, ce serait le gaz acide sécrété par la glande qui ferait défaut au sang, d'où l'absence de

---

[1] Lehmann. *Précis de Chimie physiol.*, 1855, p. 230.

[2] G. Sée, *Journ. d'Anat. et de Physiol.*, 1869, t. II, p. 672.

coagulation ou des retards et des irrégularités, signalés déjà par M. Cl. Bernard [1].

L'analyse des gaz du sang veineux des reins montre, en effet, que ce sang incoagulable ou peu coagulable est très-pauvre en acide carbonique, même si on le compare au sang artériel se rendant à l'organe. L'analyse des gaz de l'urine, au contraire, indique une forte proportion d'acide; chez le lapin, on trouve jusqu'à 172^{cc} d'acide carbonique, tant libre que combiné, 0/0. Chez le chien et chez l'homme, la proportion est moindre, mais leurs urines sont acides, et exposées à l'air, elles perdent de l'acide carbonique, ce qui est une cause d'infériorité dans le dosage.

Exp. 8. — *Analyse de 100^{cc} de sang veineux provenant des reins.*

	CHIEN A JEUN.			CHIEN EN DIGESTION.	
	s. artériel carotide.	s. veineux foncé.	s. vermeil incoagulable.	s. artériel crurale.	s. veineux très-foncé.
$O = 23^{cc},60$	12,55	20,17		14,35	2,20
$CO^2 = 49^{cc},78$	30,26	16,00		42,00	31,30

	LAPIN.	
	s. artériel crurale.	s. veineux peu coagulable.
$O = 15^{cc},58$		11,45
$CO^2 = 48^{cc},84$		28,88

Ces expériences n'ont peut-être pas toute la précision que l'on pourrait désirer. Si l'on veut analyser le sang des reins, à l'abri du contact de l'air, on est obligé d'ouvrir largement l'abdomen; la fonction urinaire est à peu

---

[1] Cl. Bernard, *Leç. sur les liquides de l'org.*, t. II, p. 147, et *Revue scientif.*, 1872, p. 1120.

près suspendue, et le sang que l'on recueille est plus foncé et beaucoup plus coagulable. Cependant les résultats de l'analyse concordent avec la théorie expérimentale que nous exposons ; le sang des veines émulgentes, quelle que soit sa couleur, contient moins d'acide carbonique que le sang artériel.

A l'état normal, 100^{cc} de sang artériel dégagent de 40 à 50^{cc} d'acide carbonique, et 100^{cc} de sang veineux de 50 à 60^{cc}. Lorsqu'il s'agit du sang se rendant aux reins, cette moyenne se retrouve, le sang des grosses artères restant semblable à lui-même ; mais lorsqu'on analyse celui qui a traversé l'organe, la proportion tombe à 30, 28 et même à 16^{cc} 0/0. Le déficit qu'accuse le sang veineux est de la moitié ou du tiers ; aussi il faut mettre ce sang au contact de l'acide carbonique, ou attendre qu'il s'en forme une nouvelle quantité par oxydation à l'air, pour que des coagulations se produisent. On peut en conclure que le sang veineux glandulaire est généralement rouge et incoagulable, parce qu'il renferme moins de gaz acide que le sang artériel, à l'inverse de celui qui provient des autres régions du corps.

Cette expérience pourrait être répétée dans des conditions plus favorables sur la glande sous-maxillaire, par exemple, en suivant le procédé que M. Cl. Bernard a rendu classique. Des circonstances indépendantes de notre volonté ne nous l'ont pas permis, mais la salive de l'homme renferme jusqu'à 27^{cc} d'acide carbonique 0/0,

ce qui conduit à supposer que l'action des glandes sali-
vaires est comparable à celle des reins. (V. *exp.* 30.)

Ces procédés, pour se procurer un sang incoagulable
à l'air, exigent de véritables vivisections ; il était à sou-
haiter que l'on pût démontrer l'intervention de l'acide
carbonique dans le phénomène de la coagulation, sans
y avoir recours et en employant un sang quelconque.

Une élégante démonstration consiste à rendre le liquide sanguin incoagulable, en éliminant son acide carbonique par simple *exosmose*, s'exerçant au travers
d'une membrane animale humide. On adapte à une artère
de petit calibre ou rétrécie par une anse de fil un intestin de poulet ou de pigeon, bien nettoyé du mucus qui
recouvre sa partie interne et dégraissé par des lavages
à l'alcool et à l'éther. Le sang, après avoir traversé
lentement le tube intestinal, s'écoule fluide et momentanément incoagulable. Il se trouve à peu près dans
les conditions du sang veineux des reins, c'est-à-dire
que le battage, loin de permettre d'en séparer de la
fibrine, semble en retarder la coagulation, tandis que les
caillots se produisent assez promptement au repos, par
lente oxydation à l'air et régénération d'acide carbonique. Ce sang renferme 20 ou 25^{cc} d'oxygène 0/0, et 15
ou 20^{cc} d'acide carbonique seulement, l'oxygène de l'air
ayant déplacé et éliminé le gaz acide du sang au travers de la membrane endosmotique. Nous insisterons sur
le caractère spécial de cet échange, en parlant de l'influence de l'air sur les phénomènes de coagulation.

On peut encore empêcher la formation des caillots en employant l'action du froid, de manière à obtenir le déplacement de l'acide carbonique avant la coagulation. Il arrive, en effet, comme l'a observé Thackrah [1], que du sang refroidi brusquement et battu à l'air ne donne pas de fibrine ; ce sang n'est que incoagulé, l'agitation à l'air ayant pour résultat de chasser l'acide carbonique, pendant que le froid suspend son action coagulante. Mais ces sangs ne conservent leur fluidité qu'un temps limité ; de plus l'élimination complète par le vide et par la chaleur du gaz restant dans le liquide est difficile à réaliser sans coagulation. La méthode suivante paraîtra plus commode pour obtenir un sang non coagulé, susceptible de conservation, même à l'air, et coagulable en présence de l'acide carbonique.

On connaît l'influence des alcalis sur le sang. MM. Prevost et Dumas [2] ont observé qu'une solution de soude ou de potasse, ajoutée dans la proportion de 1 millième, empêche la coagulation du liquide. M. Richardson [3], de son côté, a pu la suspendre par l'addition de quelques gouttes d'*ammoniaque*. Nous avons mis en usage ce dernier mode, le gaz alcalin n'intervenant que pour permettre de procéder à l'élimination définitive de l'acide carbonique.

[1] Thackrah, *Inquiry into the Nat. and Prop. of Blood*, 1819, p. 64.

[2] Prevost et Dumas, *loc. cit.*

[3] Richardson, *Coagul. of the blood. bein the As. Cooper prize Essay*, London, 1858.

Il est à remarquer que cette addition n'altère la fibrine ni en quantité, ni en qualité. La volatilité de
l'ammoniaque empêche son action d'être permanente,
comme celle de la potasse ou de la soude ; aussi, abandonné à l'air, du sang ammoniacal ne tarde pas à se
coaguler et, par le battage, on en sépare bientôt une fibrine identique à celle du sang veineux. L'alcali volatil
n'altère même pas les globules sanguins ; du sang, traité
par cette base, a donné la proportion normale d'oxygène
22^{cc} 0/0.

Cependant, il résulte du départ trop prompt de
l'ammoniaque que des coagulations se produisent dans
l'appareil, lorsqu'on procède sans ménagement à l'extraction des gaz. Des coagulations spontanées apparaissent encore, si l'opération est conduite très-lentement ;
celles-ci proviennent d'une reproduction d'acide carbonique non saturé, conséquence inévitable des oxydations intimes qui se passent dans le sang, oxygéné et
chauffé, sur lequel on opère. Mais en utilisant les propriétés de l'oxyde de carbone afin d'éliminer l'oxygène
des globules sanguins, et celles de l'ammoniaque pour
neutraliser l'acide carbonique à mesure qu'il devient
libre, on obtient facilement un sang non coagulé et privé
de tout produit volatil.

On traite donc par l'oxyde de carbone le sang ammoniacal ; ensuite, on aspire le liquide par un tube relié au
récipient de l'appareil pneumatique ; enfin, on procède
à l'extraction du carbonate d'ammoniaque, en ayant soin

de ne pas trop élever la température au début de l'opération. Il suffit de rendre de l'acide carbonique à ce sang
liquide et vermeil, pour provoquer sa coagulation presque immédiate. Si le gaz acide passe sous la forme de
courant, la fibrine se réunit en caillots blanchâtres; s'il
constitue une atmosphère autour du sang immobile, celui-ci se prend en masse comme le sang normal, et le
caillot exprime un sérum incolore. Enfin, le liquide
incoagulé, abandonné plusieurs jours à l'air, finit par
présenter des coagulums, après reproduction d'acide
carbonique par oxydation spontanée.

Le sang, traité par l'ammoniaque et l'oxyde de carbone, peut aussi être desséché sous une cloche, à
la température ambiante. Le produit sec a l'aspect
d'écailles rougeâtres que l'on peut conserver; il est
soluble en totalité et la solution se coagule dans les
conditions qui viennent d'être indiquées. Voici en quoi
consiste ce procédé, qui n'implique pas l'emploi de la
pompe à mercure.

Le liquide sanguin, ammoniacal et désoxygéné par
l'oxyde de carbone, est placé sous une cloche, à côté de
deux vases renfermant l'un de l'acide sulfurique, l'autre
de la potasse caustique. Ces corps hygrométriques absorbent, le premier l'ammoniaque et le second l'acide
carbonique, qui se dégagent du sang à l'état de carbonate alcalin. L'évaporation de l'eau et du sel volatil, obtenue à la température ambiante, exige un temps assez
long; aussi, pour éviter une nouvelle formation d'acide

carbonique par oxydation, on remplit d'un gaz inactif, azote, hydrogène ou oxyde de carbone, la cloche sous laquelle s'opère la dessiccation. Si l'on omet cette précaution, le produit très-oxydable n'est plus entièrement soluble ; de l'acide carbonique s'est reformé et la coagulation de la fibrine s'est effectuée.

4° On retrouve dans la fibrine l'acide carbonique qui a déterminé sa coagulation.

L'étude de la coagulation spontanée du lait et de l'albumine[1] démontre que l'acide qui précipite une substance protéique se trouve à l'état de combinaison plus ou moins intime dans le coagulum. Par conséquent, l'acide carbonique, s'il intervenait dans la coagulation spontanée du sang, devait se retrouver dans la fibrine coagulée.

Pour vérifier cette supposition, le procédé le plus simple consistait à traiter de la fibrine par un acide fixe ; si faible que fût la proportion d'acide carbonique dégagé, on pouvait faire un dosage assez exact en employant la machine pneumatique à mercure. De la fibrine isolée par le battage, lavée et exprimée, a été introduite dans le ballon de l'appareil ; tous les gaz susceptibles de se dégager par le vide ont été extraits ; puis, on a versé sur la substance une solution acide et on a recueilli et

---

[1] *Comptes rendus de l'Acad. des Sc. de Paris*, 2 décembre 1872 et 29 septembre 1873.

dosé le gaz mis en liberté. L'acide tartrique est celui
des acides fixes qui donne les meilleurs résultats, probablement parce que ajouté en excès il gonfle la fibrine et
la dissout, à une température un peu supérieure à 100°,
ce que ne produit pas l'acide sulfurique, qui d'abord
crispe la fibrine, ensuite la décompose.

Exp. 9. — *Proportion d'acide carbonique retiré de 60 grammes de
fibrine humide, traitée dans le vide par une solution d'acide
tartrique.*

FIBRINE DE BŒUF.		FIBRINE DE PORC.		Fibrine de bœuf.	Fibrine de chien.
lavée et exprimée	conservée par l'alcool.	lavée et exprimée	conservée par l'alcool.		
$CO_2 = 81^{cc},60$	105,60	78,00	90,00	80,40	86,16

SOLUTION DE FIBRINE
TRAITÉE PAR SO_3

$$CO_2 = 87,00 \qquad 91,20$$

D'après ce tableau, 60 grammes de fibrine fraîche et
humide, quantité correspondant à peu près à 10 grammes
de fibrine sèche [1], donnent de 80 à 90^{cc} d'acide carbonique. La fibrine conservée dans l'alcool en donne une
proportion un peu plus élevée ; mais la fibrine desséchée
en dégage à peine ; il semble qu'elle soit altérée, car
on constate qu'elle ne reprend plus son aspect primitif
après une dessiccation très-complète, et qu'elle perd de
l'ammoniaque en même temps que l'eau qui l'imprègne.

Les chiffres précédents représentent le volume de gaz
dégagé par l'acide tartrique, soit 8 ou 9^{cc} pour un
gramme de substance supposée sèche. Mais la fibrine

[1] Robin, *Leç. sur les humeurs*, 1867, p 97.

mise dans l'appareil avant que le vide ne soit commencé pouvait avoir perdu une certaine proportion de son gaz acide, sous la seule influence de l'aspiration pneumatique. Il était impossible d'en tenir compte, à moins de faire d'abord le vide dans le ballon, ensuite d'y introduire la fibrine à l'état de dissolution. De plus, une température élevée était intervenue pendant l'extraction du gaz et pouvait avoir produit une décomposition. Nous avons donc cherché un dissolvant de la fibrine; le meilleur que l'on ait indiqué se compose d'azotate de potasse 25, en dissolution dans 150 d'eau ; on ajoute 1,5 de soude caustique, dont on a dosé la teneur en acide carbonique avant de l'employer, afin d'éviter toute cause d'erreur.

La solution ayant été introduite dans le vide, on a mesuré la quantité d'acide carbonique déplacé par l'acide sulfurique, agissant à la température ordinaire. 60 grammes de fibrine humide ou 10 grammes de substance supposée sèche, ont dégagé dans ces conditions 87 ou 91^{cc} d'acide carbonique. La fibrine entrant dans la composition du sang dans la proportion de 0^{gr}3 environ 0/0, la coagulation de 100^{cc} de liquide sanguin exigerait trois centimètres cubes de gaz acide, quantité inférieure aux chiffres donnés par les expériences directes (V. *exp*. 6). Mais la fibrine que l'on vient d'isoler par le battage laisse échapper des gaz lorsqu'on la met dans l'eau, et les lavages ont pu lui faire perdre une partie de l'acide carbonique, qui disparait pendant la coagulation d'une quantité correspondante de sang.

Un certain volume d'acide carbonique entrait dans la composition de la fibrine coagulée ; cependant ce gaz aurait pu provenir des sels alcalins que retient la fibrine la plus pure. Afin de répondre à cette objection, 10 grammes de fibrine desséchée ont été calcinés ; les cendres $0^{gr}06$, reprises par l'eau et agitées avec de l'acide carbonique, ont absorbé $5^{cc}1$ de gaz acide, déduction faite de ce que l'eau avait dû dissoudre. Mulder a trouvé $0^{gr}077$ de cendres pour 10 grammes de fibrine sèche ; mais cette proportion est encore insuffisante pour expliquer les 80 ou 90^{cc} d'acide gazeux que dégage un poids équivalent de fibrine humide.

Une combinaison entre la matière coagulable et l'acide carbonique, se produisant au moment même de la coagulation, devenait très-admissible. Aussi, nous avons cherché à défaire ce composé et à lui enlever son acide carbonique, de manière à régénérer avec de la fibrine coagulée une fibrine soluble et coagulable à nouveau, par un courant de gaz acide. Ce résultat a été atteint.

On traite, à une température modérée et dans un vase fermé, de la fibrine par l'ammoniaque ; l'alcali volatil dissout le coagulum, s'empare de l'acide carbonique, et la solution peut être considérée comme un mélange de fibrine dissoute et de carbonate ammoniacal, que l'on évapore ensuite par la chaleur ou par le procédé de la cloche décrit précédemment (p. 24). La dessiccation terminée, on a une substance solide et transparente, très-soluble dans l'eau, à réaction neutre ou légèrement acide, et coagulable à froid par l'acide carbonique gazeux. Le coagulum décompose l'eau oxygénée; il se redissout dans les même réactifs que la fibrine veineuse (Denis), et si on l'immerge dans l'eau bouillante, il prend les caractères de la fibrine artérielle.

Concluons.

La coagulation spontanée de la fibrine est une véritable précipitation chimique, déterminée par l'acide carbonique contenu normalement dans le sang.

CHAPITRE II.

Obstacles à la coagulation du sang en circulation dans les vaisseaux.

L'acide carbonique prend part au phénomène de la coagulation, chacune des expériences précédentes tend à l'établir. Mais ce gaz existe normalement dans le liquide sanguin; il fallait donc expliquer pourquoi l'acide carbonique restait sans action pendant la vie, alors qu'il intervenait après la mort. Nous avons supposé *à priori* que le gaz qui transforme la fibrine en un composé insoluble se trouve à l'état de combinaison dans le sang des êtres vivants, et qu'il en détermine la coagulation au moment même où il est mis en liberté, par quelque circonstance extérieure ou pathologique. Les faits sont venus confirmer cette hypothèse.

On peut démontrer : 1° qu'aucun gaz n'est en simple dissolution dans le sang ; 2° que le plasma normal ne contient pas d'acide carbonique ou qu'il en contient à peine ; 3° que les globules sanguins peuvent absorber une quantité considérable d'acide carbonique ; 4° que l'hémoglobine montre autant d'affinité pour le gaz acide du sang que pour l'oxygène ; 5° que l'on observe des accidents de coagulation, lorsque l'acide carbonique cesse d'être exhalé par ses voies naturelles d'élimination.

1° Le sang normal ne renferme pas de gaz libres.

Cette proposition appliquée à l'oxygène ne soulèvera aucune objection. Il est admis, depuis les travaux de M. Dumas [1], que ce gaz est combiné aux globules rouges ; d'un autre côté, comme le sang le plus artériel de l'organisme est toujours capable d'en absorber une nouvelle quantité [2], l'affinité de l'hémoglobine n'est jamais satisfaite pendant la vie, et le plasma ne peut pas renfermer d'oxygène en simple dissolution. L'expérience démontre, en effet, que les liquides de l'économie, dépourvus d'éléments figurés, sont constamment privés d'oxygène ou du moins qu'ils n'en retiennent pas une quantité appréciable, lorsqu'ils sont portés à la température du corps (V. *Exp.* 21).

---

[1] Dumas, *Ann. de phys. et de chim.*, 3e série, t. XVII, p. 452.
[2] Cl. Bernard, *Leç. sur les subs. toxiq.*, p. 107.

Au contraire, la combinaison de l'acide carbonique à l'un des principes constitutifs du sang est à peine soupçonnée ; la plupart des physiologistes le considèrent comme simplement dissous dans le liquide sanguin. Cette opinion repose sur l'examen du sérum qui présente habituellement de 30 à 40ᶜᶜ de gaz acide 0/0.

Mais le sérum n'est pas un liquide physiologique, c'est un produit de dédoublement du plasma ; il faut attendre la coagulation et la rétraction du caillot pour en obtenir une quantité déterminée, et les quelques heures que demande cette séparation impliquent des oxydations et des déplacements de gaz. Ensuite, M. Fernet[1] a bien prouvé que les sels du sérum augmentent l'affinité de l'eau pour l'acide carbonique, mais il reconnait que leur présence diminue généralement le coefficient de solubilité du gaz acide ; constatation qui ne vient pas à l'appui de l'hypothèse d'une simple dissolution. Les phosphates et les carbonates du sérum exerceraient une véritable action chimique, que Preyer[2] a rendue évidente, en retirant de cette sérosité des cristaux dans lesquels deux équivalents d'acide carbonique, pour un d'acide phosphorique, étaient combinés à la soude (V. *Exp.* 48). Mais M. Preyer, lui-même, remarque que le sérum, toutes choses égales d'ailleurs, contient plus d'acide carbo-

---

[1] Fernet, *Comptes rendus de l'Acad. des sciences*, Paris, 31 décembre 1855 ; *Ann. des sc. nat. zool.*, 4ᵉ s., 1857, t. VIII, p. 125.

[2] Preyer, *Centralblatt f. die. med. Wissenschaffen*, 1866, p. 321 et suiv.

nique combiné ou dégagé par un acide fixe, que le sang normal (V. *exp.* 35). Un équilibre différent existe donc dans la sérosité du sang, avant et après la coagulation, et l'on ne saurait conclure du sérum au liquide sanguin.

Si l'étude du sérum n'élucide pas la question qui nous occupe, la manière dont le sang se comporte au contact de l'oxyde de carbone tend à prouver que ce gaz s'y trouve en combinaison assez intime. M. Cl. Bernard, par son procédé d'analyse des gaz, a reconnu que l'oxyde de carbone ne déplace pas l'acide carbonique du liquide sanguin, ou qu'il en déplace 3 ou 4^{cc} au plus 0/0. Cependant de l'acide carbonique libre, ou même à l'état de bicarbonate dans le sang, serait éliminé par l'oxyde de carbone, puisque le contact de l'air ou de tout autre gaz, suffisamment prolongé, chasse la moitié de l'acide carbonique renfermé dans une solution de bicarbonate alcalin [1]. Les quelques centimètres cubes de gaz acide, mis en liberté par l'oxyde de carbone agité avec du sang, pourraient donc exister sous forme de bicarbonate ; mais la quantité restante, la presque totalité, serait retenue à l'état de combinaison plus intime.

Cette vue est confirmée par l'expérience suivante, qui montre qu'un courant d'oxyde de carbone déplace plus d'acide carbonique dans le sérum que dans le sang.

[1] H. Rose, *Poggendorff's Ann.*, Leipsig, 1835, t. XXXIV, p. 149.

Exp. 10. — *Influence comparée de l'oxyde de carbone sur l'acide carbonique que renferme le sérum et le sang.*

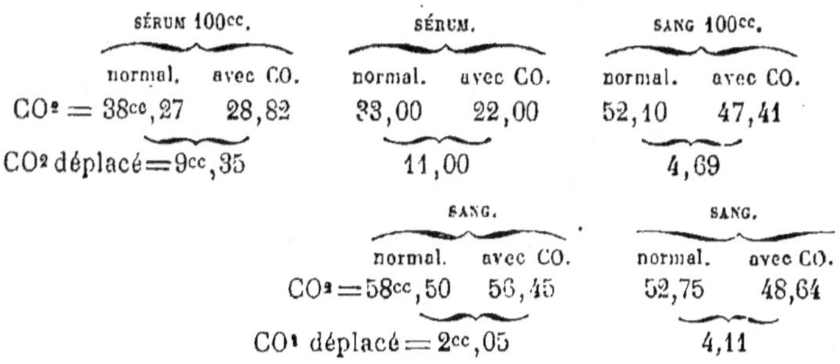

On a d'autres preuves de la réalité de cette combinaison : car on observe, d'une part, que le vide seul ne
suffit pas pour enlever son acide carbonique au sang
normal, tandis qu'il décompose un bicarbonate ; d'autre
part, que le liquide sanguin est capable d'absorber une
quantité énorme de gaz acide, et de la retenir en grande
partie, à la température ambiante, ce qui n'arrive pas
en employant de l'eau ou du sérum. Ces deux points
méritent d'être développés ; ils nous aideront plus tard à
déterminer la nature de la combinaison qui retient
l'acide carbonique dans le sang.

Dans l'opération qui consiste à extraire les gaz du sang
à l'aide de la pompe à mercure, on appelle généralement acide carbonique libre celui qui se dégage sous
l'influence du vide et de la chaleur, et on réserve le
nom d'acide combiné à celui que déplace un acide
fixe. Cette distinction est peut-être utile dans le langage ;
mais elle manque de précision, parce que la quantité
d'acide carbonique soi-disant combiné a été en dimi-

nuant à mesure que les procédés d'extraction des gaz se sont perfectionnés. Magnus qui employait un vide imparfait devait attendre plusieurs heures, et un commencement d'altération, pour obtenir des chiffres très-peu élevés d'acide carbonique libre. M. Fernet qui étendait le sang de 10 ou 12 volumes d'eau, avant d'en extraire les gaz, recueillait $18^{cc}70$ d'acide carbonique combiné, contre $5^{cc}70$ d'acide libre. M. Lothar-Meyer, qui se servait d'une chaleur très-modérée, trouvait seulement $6^{cc}17$ de gaz acide, et un acide fixe en dégageait jusqu'à $28^{cc}50$. Au contraire, M. Setchenow n'obtenait que 3^{cc} d'acide combiné, M. Schœffer $1^{cc}30$, M. Holmgren $0^{cc}80$ et $0^{cc}06$ (V. *Exp.* 31); presque tout l'acide du sang, 40 ou 50^{cc} 0/0, était appelé acide carbonique libre.

Par conséquent, en employant un vide plus parfait ou en élevant davantage la température, on réduit à très-peu de chose la quantité d'acide carbonique qui reste dans le sang; tandis qu'en supprimant la chaleur ou les dilutions, le liquide sanguin ne donne pas de gaz, à moins qu'il ait subi un commencement d'altération. La nécessité de ces perfectionnements ne démontre-t-elle pas que l'acide carbonique est non pas libre, mais intimement combiné à quelque élément du sang?

Si l'on veut savoir, en effet, ce que deviennent des gaz en simple dissolution, ou faiblement combinés, on n'a qu'à mettre sous le récipient de la machine pneumatique de l'eau ordinaire ou une solution de bicarbonate de soude, ces liquides entrent immédiatement en ébullition, et leur gaz s'échappe à la température ambiante ou même à 0°. Le vide seul décompose les dissolutions gazeuses et les bicarbonates alcalins[1], tandis qu'il ne déplace pas l'acide carbonique d'un sang non dilué. Les conclusions se tirent d'elles-mêmes.

La dernière preuve n'est pas moins concluante. D'après M. Lothar-Meyer, cité par M. Schutzenberger[2], un sang renfermant $34^{cc}75$ d'acide carbonique 0/0 a pu dissoudre à 11° un supplément de $178^{cc}30$, total 213,50. Si l'on retranche de ce chiffre le volume correspondant à la solubilité physique, il reste $113^{cc}50$ 0/0, qui ont dû se combiner chimiquement. Que l'on réduise cette quantité de moitié, si l'on veut faire la part des sels, et elle représentera encore une proportion d'acide carbonique égale ou supérieure à celle que contiennent 100^{cc} de liquide veineux.

Il est facile de varier cette expérience ; on prend une même quantité de sang, de sérum et d'eau, on sature les trois liquides par un courant d'acide carbonique, ensuite on les abandonne à eux-mêmes. Le dosage de l'acide gazeux contenu dans chacun des liquides, fait au début et répété quelque temps après, prouve que l'eau et le sérum ont perdu la plus grande partie de leur acide, alors que le sang en retient toujours une quantité considérable.

[1] Marchand, *J. für prakt. Chem.*, Leipsig, 1845, t. XXV, p. 385.
[2] Schutzenberger, *Chimie appliquée à la physiol.*, p. 122.

Exp. 11. — *Quantité d'acide carbonique renfermé dans 100cc de sang et de sérum, saturés et abandonnés à l'air.*

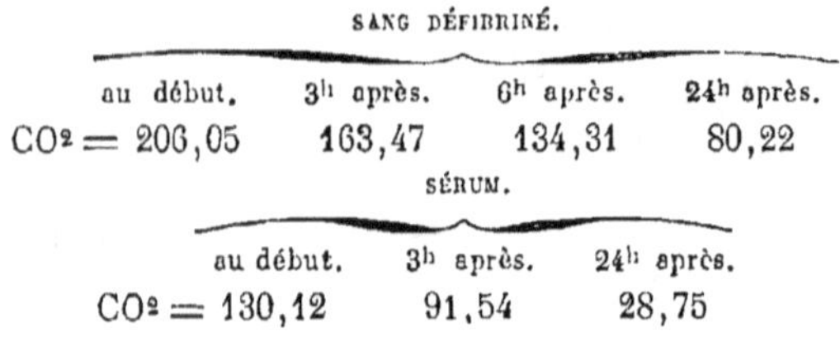

SANG DÉFIBRINÉ.

	au début.	3h après.	6h après.	24h après.
$CO_2 =$	206,05	163,47	134,31	80,22

SÉRUM.

	au début.	3h après.	24h après.
$CO_2 =$	130,12	91,54	28,75

Le sang qui renfermait la veille 134cc d'acide carbonique en renfermait encore 80cc le lendemain, c'est-à-dire le double du volume renfermé dans le sang ordinaire; tandis que le sérum n'en retenait plus qu'une proportion normale. Ainsi, il existe dans le sang défibriné des substances douées d'une grande affinité pour l'acide carbonique. Il est donc impossible que ce gaz soit en simple dissolution, et tout porte à croire que l'obstacle qui s'oppose à son action coagulante, dans l'intérieur des vaisseaux, est un état de combinaison que la fibrine ne peut pas détruire dans les conditions physiologiques.

2° Le plasma sanguin ne contient qu'une faible proportion d'acide carbonique combiné.

La partie fluide du sang renferme la fibrine en dissolution ; par conséquent, si l'acide carbonique était une cause de coagulation, on devait constater que ce gaz n'existe pas dans le plasma, ou bien qu'il y forme une combinaison intime le mettant dans l'impossibilité de réagir sur la fibrine dissoute.

L'analyse des gaz prouve que les liquides plasmatiques renferment une certaine quantité d'acide carbonique. Cette quantité, inférieure à celle qui peut se combiner aux sels du plasma, représente le quart ou le cinquième du volume total du gaz acide, contenu dans le sang normal. Elle est d'autant plus faible que le plasma soumis à l'analyse est resté moins longtemps exposé au contact de l'air; aussi l'on éprouve une difficulté sérieuse à isoler la sérosité du sang, avant que des déplacements gazeux ou des oxydations aient eu le temps de se produire.

Un procédé avantageux pour se procurer du plasma en quelques minutes a été indiqué par M. L. Figuier[1]; il consiste à empêcher la coagulation du sang au moyen du sulfate de soude, employé dans la proportion de 30 0/0 et *en cristaux*, afin de ne pas diluer la liqueur. On reçoit le liquide dans un vase contenant le sel, on agite et on jette le mélange sur un ou plusieurs filtres. Le liquide filtré est toujours plus ou moins coloré par quelques globules; il renferme un peu d'oxygène dont on a négligé le dosage, mais la quantité d'acide carbonique y est généralement minime. Nous avons déterminé et la proportion déplacée par le vide, aidé d'une chaleur modérée, et celle que dégage un acide fixe.

---

[1] L. Figuier, *Ann. de physique et de chimie*, 3e série, t. XI, p. 503.

Exp. 12. — *Quantité d'acide carbonique renfermé dans 100cc de plasma, obtenu par le sulfate de soude et une filtration rapide.*

	PLASMA DE BŒUF.		ANAL. D'HEURE EN HEURE.		PLASMA de
CO_2 obtenu dans le vide.	peu coloré.	coloré.	coloré.	très-coloré.	lapin.
Par la chaleur =	8cc,50	16,36	10,00	16,25	11,53
Par un acide =	10cc,00	6,00	10,00	12,50	13,00
CO_2 total =	18cc,50	22,36	20,00	28,75	24,53

	PLASMA DE CHIEN.		PLASMA DE CHIEN SÉPARÉ PAR		
CO_2 obtenu	1re heure.	2e heure.	$NaO\ SO_3$.	$MgO\ SO_3$.	$NaO\ SO_3$.
Par la chaleur =	7cc,18	13,64	5,00	12,12	12,11
Par un acide =	8cc,55	5,00	11,66	3,03	7,22
CO_2 total =	15cc,73	18,64	16,66	15,15	19,33

On peut tirer plusieurs remarques de ce tableau. D'abord la quantité totale d'acide carbonique renfermé dans le plasma, obtenu par le sulfate de soude et la filtration, est d'autant moins abondante que l'analyse est faite à une époque plus rapprochée du moment où le sang circulait dans les vaisseaux. Les analyses portant sur le plasma du chien, pratiquées dans la première heure, en sont la preuve ; toute perte de temps dans la séparation et l'analyse du liquide entraine une élévation de chiffre. Ensuite ces plasma contiennent davantage d'acide carbonique, lorsqu'ils sont plus colorés par l'hémoglobine, la filtration rendant inévitable le passage de quelques globules sanguins ; mais c'est un précieux renseignement, qui établit un rapport entre l'acide carbonique et la matière colorante du sang. Enfin la proportion de gaz mise en liberté par un acide fixe est plus grande que celle donnée par le sang normal ; avec le sang de chien, sans mélange, elle atteint 3^{cc} 0/0 à peine, tandis qu'elle varie entre 5 et 12^{cc} lorsqu'on a fait usage de sulfate de soude. Ce sel augmenterait l'affinité du liquide pour l'acide carbonique; une expérience répétée avec le sulfate de magnésie indique que cette propriété ne s'étend pas à tous les sels neutres (V. *Exp.* 46, 47 et 48).

La durée de l'opération, la coloration du plasma et le contact de l'air, sont autant de circonstances qui contribuent à augmenter les chiffres d'acide carbonique donnés par l'analyse des gaz. Malgré ces circonstances défavorables, les premières analyses de chacune des séries permettent de conclure que le plasma, au moment d'une prise de sang, ne contient pas beaucoup d'acide carbonique. La quantité totale oscille entre 15 et 20^{cc} et, si l'on tient compte des deux ou trois centimètres cubes existant à l'état de protocarbonate dans 100^{cc} de sang, le volume de l'acide carbonique accusé par ces analyses de plasma se réduit à 12 ou 15^{cc} 0/0.

Ce résultat est certainement un maximum, mais on est dans l'impossibilité d'évaluer l'influence des causes d'erreur énumérées plus haut, et il faut l'accepter tel quel. Or tout exagéré que soit le chiffre de 15^{cc}, on peut démontrer que les sels en dissolution dans la partie liquide du sang sont capables de se combiner à un plus grand volume d'acide carbonique. D'après **M.** Fernet, la proportion de gaz acide que peut absorber à $15°,2$ un volume de sérum s'élève à 1,4599. Ce chiffre comprend le coefficient de solubilité de l'acide carbonique, représenté ici par 0,989, plus la quantité de gaz absorbé indépendamment de la pression, soit 0,4709. Ce second chiffre est constant, à l'inverse du précédent, et par suite il figure une quantité de gaz combiné plus ou moins intimement aux sels du sérum. La partie séreuse de 100^{cc} de sang pourrait donc retenir à l'état de combinaison jusqu'à 47^{cc} d'acide carbonique. Comme ces déterminations ont été faites dans un appareil d'absorption où le sérum se saturait de gaz, sous une pression assez élevée, la quantité d'acide fixé par les sels doit être exagérée ; mais on peut la réduire de moitié sans qu'elle cesse d'être très-supérieure à celle renfermée dans le plasma obtenu par le sulfate de soude et la filtration.

On arrive à un résultat analogue en desséchant 100^{cc} de sérum et en incinérant le résidu. Les cendres (0^{gr}81), reprises par l'eau, absorbent au contact de l'acide carbonique jusqu'à 87^{cc} de gaz, déduction faite de la quantité absorbée par l'eau. Ce volume se répartit de la manière suivante, 46^{cc}3 dégagés par le vide et par la chaleur, 40^{cc}7 dégagés par un acide. Ce dernier chiffre représente la quantité de gaz existant dans les cendres sous forme de carbonate de soude et provenant en partie des lactates et des sels à acides organiques détruits par la calcination. Mais le premier correspond au volume d'acide carbonique absorbé par les sels du sérum. Il nous paraît encore exagéré ; cependant alors même que le plasma normal renfermerait 20^{cc} d'acide carbonique 0/0, cet acide devrait rester sans action sur la fibrine dissoute, puisque les bicarbonates alcalins, par leur seule présence, empêchent la coagulation du sang.

On peut objecter aux expériences précédentes qu'une substance étrangère est intervenue, et que la composition du plasma soumis à l'analyse peut avoir été modifiée. Nous avons donc cherché à obtenir du *plasma pur*, en retardant la coagulation simplement par le froid. Du sang de cheval, versé dans des tubes entourés de glace, laisse déposer spontanément ses globules (Hewson) ; la liqueur incolore qui surnage est décantée, à mesure qu'elle se forme, et analysée avant qu'elle ne soit coagulée.

Exp. 13. — *Volume d'acide carbonique contenu dans* 100^{cc} *de plasma de cheval.*

	PLASMA TRÈS-RÉCENT.			PLASMA MOINS RÉCENT.	
1re analyse.	2e analyse.	3e analyse.	1re analyse.	2e analyse.	3e ap. coag.
$CO_2 = 18^{cc},50$	23,00	28,40	25,50	34,63	27,86

Ce plasma donne encore d'autant moins d'acide carbonique, qu'il est analysé à une époque plus voisine du moment où le sang est retiré des vaisseaux. Mais, pour obtenir des résultats irréprochables, il faudrait éviter le contact de l'air et tout retard dans l'analyse, conditions que nous n'avons pu réaliser qu'en partie. Néanmoins l'expérience est possible, car **M. Cl. Bernard** a vu un plasma incolore sortir d'une piqûre faite à la partie supérieure de la veine jugulaire d'un cheval dont la circulation était momentanément ralentie [1].

Ces expériences, bien qu'elles ne soient pas absolument

---

[1] Cl. Bernard, *Liq. de l'organisme*, t. I, p. 432.

concluantes, permettent d'être assez affirmatif ; le plasma en circulation pendant la vie contient peu d'acide carbonique, et les sels alcalins qui s'y trouvent doivent retenir ce gaz à un état de combinaison suffisamment intime. Cependant, nous ne saurions trop insister sur l'absence d'acide carbonique libre dans la portion fluide du sang, puisque nous nous appuyons partiellement sur ce fait pour expliquer la non-coagulation dans l'intérieur des vaisseaux. Nous avons donc essayé une seconde démonstration ; celle-ci repose sur l'analyse des gaz renfermés dans les liquides normaux de l'organisme, tels que le liquide du péricarde ou la synovie, dont la composition se rapproche de celle du plasma.

Une séreuse, en effet, représente un filtre naturel qui sépare la sérosité du sang, mieux que nos moyens mécaniques. Toutefois, ces liquides ne sont pas constitués par les seuls éléments du sang ; il s'y mêle des produits empruntés à l'organe même qu'ils lubréfient. Les cavités closes qui enveloppent ou avoisinent les organes glandulaires, par exemple, devaient contenir une sérosité renfermant une assez forte proportion d'acide carbonique, puisque les glandes ont entre autres fonctions celle de sécréter ce gaz (V. *Exp.* 8 et 30). Les sérosités des plèvres et de la tunique vaginale, pour cette raison, ne pouvaient convenir ; de plus, ce sont des épanchements anormaux, qui contiennent toujours une quantité notable d'acide carbonique.

Mais la *sérosité du péricarde* devait reproduire la

composition du plasma sanguin d'autant plus exactement
que l'on s'adressait à un liquide physiologique, et à une
séreuse plus voisine de l'organe central de la circulation.
Quoique l'on pût craindre d'y rencontrer encore un
excès d'acide carbonique provenant des déchets musculaires du cœur, nous avons analysé la composition de ce
liquide chez l'homme, 24 heures après la mort, et chez
des animaux. Voici les résultats de ces analyses.

Exp. 14. — *Volume d'acide carbonique que renferment* 100^{cc} *do
sérosité du péricarde de l'homme.*

LIQUIDES NORMAUX.				LIQUIDES PATHOLOGIQUES.			
$CO^2 =$ 9^{cc},00	7,86	9,50	10,58	23,30	18,55	22,50	27,25

Le lendemain $CO^2 =$ 13,73   18,55

Ces chiffres prouvent que le liquide péricardique de
l'homme renferme très-peu d'acide carbonique, lorsqu'il
est emprunté à un sujet ne présentant pas d'altérations
de la séreuse. Dans une analyse, nous avons même
trouvé 1^{cc}66 de gaz acide 0/0, mais cette proportion
paraît anormale, comme celle de 37^{cc}08, trouvée dans un
épanchement purulent. La sérosité qui a donné 9^{cc}50
provenait d'un individu jeune ayant succombé à une
lésion traumatique immédiatement mortelle; le chiffre
de 10^{cc} paraît donc représenter la proportion réelle
d'acide carbonique contenu dans 100^{cc} de liqueur péricardique de l'homme. Mais ces analyses ne pouvaient
pas être immédiates ; aussi nous avons expérimenté avec
le liquide pris sur des animaux, au moment même de la
mort et analysé très-peu de temps après.

Exp. 15. — *Volume d'acide carbonique contenu dans 100cc de liquide péricardique, pris sur des animaux au moment de la mort.*

SÉROSITÉ DE BŒUF.		SÉROSITÉ DE MOUTON.		SÉROSITÉ DE BŒUF.	
le jour même.	le lendemain.	le jour.	le lendemain.	avant coag.	après coag.
$CO_2 = 16^{cc},50$	21,65	12,80	23,83	19,75	15,92

Dans la liqueur péricardique des animaux récemment tués, l'oxygène fait complétement défaut et l'acide carbonique n'existe qu'en petite quantité ; le volume du gaz est représenté le jour même par 12, 16 et 19^{cc} 0/0. Cette proportion, un peu supérieure à la précédente, équivaut à celle renfermée dans le plasma obtenu par le sulfate de soude et la filtration ; elle s'accroît si l'analyse n'est pas faite immédiatement ; ce serait là un phénomène constant qui oblige à éviter le contact de l'air, autant que possible, et à opérer par le froid ; car cette augmentation provient d'oxydations spontanées, d'autant plus actives que le liquide et l'air, mis à son contact, ont une température plus élevée.

Tous les liquides normaux de l'économie contiennent à peu près autant de sels solubles que le sérum ; on trouve $0^{gr}795$ de cendres après l'incinération de 100^{cc} de sérosité du péricarde, le même volume de sérum ayant donné $0^{gr}810$. Ce que l'on peut dire de l'influence des sels du plasma sanguin peut donc se répéter à propos du plasma péricardique. Les quelques centimètres cubes d'acide carbonique qui s'y trouvent seraient combinés et resteraient sans action sur la substance coagulable, jusqu'à ce que la proportion devienne suffisante par reproduction au contact de l'air.

Exp. 16. — *Quantité d'acide carbonique contenu dans 100^{cc} de divers produits normaux.*

	CORPS VITRÉ.		SUC MUSCULAIRE	
LIQUIDE synovial.	le jour même.	le lendemain.	obtenu par expression.	
$CO^2 = 10,76$	12,65	19,04	8,75	10,25

SUBSTANCE CÉRÉBRALE.		
mort par hémorrhagie.	mort par CO.	mort par asphyxie.
$Co^2 = 13,14$	11,50	24,28

Enfin, nous avons déterminé la quantité d'acide carbonique que renferme la sérosité articulaire du bœuf; la proportion est très-faible lorsque la synovie n'a pas été exposée trop longtemps au contact de l'oxygène atmosphérique. La substance du corps vitré n'en contient pas beaucoup plus. Le suc musculaire obtenu par expression, et la substance cérébrale broyée avant l'analyse, en renferment également une quantité très-limitée, malgré les oxydations dont ces produits, exposés au dehors, deviennent le siége (V. *Exp.* 51). On peut donc conclure que les divers liquides ou tissus de l'organisme contiennent peu de gaz acide, dans les conditions normales et immédiatement après la mort.

Chacun des procédés mis en usage, afin de démontrer que l'acide carbonique n'existe pas dans le plasma sanguin, laisse à désirer; les analyses accusent toujours une certaine proportion de gaz acide. Cependant il ressort de cette recherche que l'action du milieu ambiant augmente très-vite la proportion d'acide contenu dans un liquide fibrineux; l'on peut dire que toute analyse de

plasma ayant subi le contact de l'air donnera des
résultats exagérés. Aussi nous avons admis que ces
liquides, même récents, renferment une petite quantité
d'acide carbonique, combiné aux sels qui s'y trouvent
en dissolution ; mais, par induction, on arrive à se convaincre que le plasma du sang, surtout, ne peut pas
renfermer ce gaz pendant la vie, sinon à l'état de protocarbonate. Les expériences qui vont suivre prouvent, en
effet, que les globules sanguins et l'hémoglobine ont une
très-grande affinité pour l'acide carbonique, affinité qui
n'est satisfaite que dans l'asphyxie; les globules, par
conséquent, seraient à même d'enlever l'acide carbonique du plasma à mesure qu'il y est déversé.

3° Les globules sanguins fixent la majeure partie de l'acide carbonique renfermé dans le sang.

Il résulte des analyses précédentes, que le plasma
retient très-peu d'acide carbonique ; la forte proportion
contenue dans le sang devait donc se trouver dans la
partie solide, organisée, dans les globules sanguins.

On sait déjà que les hématies fixent la totalité de
l'oxygène en circulation; le sérum et les liquides séreux n'en contiennent jamais dans les conditions ordinaires. Mais on n'admet pas que les mêmes globules
absorbent l'acide carbonique et servent de moyen de
transport à l'un et l'autre gaz. Bien des expériences, cependant, démontrent qu'il existe une relation entre les
globules et le gaz acide du sang. Ainsi, le sang veineux

des reins est aussi rouge que l'artériel, uniquement parce qu'il renferme moins d'acide carbonique ; car la proportion d'oxygène diminue dans ce sang (V. *Exp.* 8), et il devrait en résulter une coloration plus foncée, si l'oxygène était la seule cause des différences de couleur. Ensuite le plasma obtenu par le sulfate de soude et la filtration renferme d'autant plus d'acide carbonique qu'il est plus coloré (V. *Exp.* 12) ; enfin, les expériences suivantes plaident dans le même sens.

Dans un travail sur les gaz du sang [1], il a été démontré que les globules en suspension dans le plasma étaient distribués inégalement dans les artères de différents calibres ; les vaisseaux volumineux, carotide ou crurale, contenant toujours un sang plus dense et plus oxygéné que les artérioles collatérales. Cette inégalité, subordonnée à la vitesse de la circulation, est due à un phénomène mécanique, que l'on reproduit en lançant un liquide, tenant en suspension des particules fines et pesantes, dans un système de tubes ramifiés ; le liquide, injecté avec force, s'écoule plus dense et plus opaque par les canaux directs et larges, moins dense par les canaux latéraux et étroits. Le sang des artérioles contient donc moins d'oxygène, parce qu'il renferme moins de globules ; mais, en même temps, il contient moins d'acide carbonique, d'après les tableaux que nous avons dressés à cette époque. Comme le sang des petits vais-

---

[1] *Arch. de Physiol.*, 1872, t. IV, p. 194 et 200.

seaux est plus séreux que celui des grosses artères, le gaz acide devrait s'y trouver en plus grande proportion, dans l'hypothèse d'une combinaison aux sels du plasma ; tandis que la proportion diminue parallèlement au nombre des globules sanguins.

Exp. 17. — *Diminution de la quantité d'oxygène et d'acide carbonique que renferme le sang moins. dense des petites artères comparées aux grosses.*

SANG DU MÊME ANIMAL.

	carotide.	artériole.	carotide.	carotide.	artériole.
$O =$	$25^{cc},00$	22,00	24,00	23,50	21,25
$CO^2 =$	$54^{cc},50$	44,00	48,25	46,50	37,50
Densité du sang analysé =				1059,64	1056,75

SANG DU MÊME ANIMAL.

	carotide.	humérale.	artériole.
$O =$	$22^{cc},25$	21,50	20,00
$CO^2 =$	$46^{cc},75$	44,25	36,00
Densité du sang analysé =	1057,47	1054,75	1051,87

La densité ou le nombre des globules rouges diminue dans le sang des petites artères collatérales et, en même temps, les quantités d'oxygène et d'acide carbonique décroissent. Ne faut-il pas en conclure que les deux gaz sont combinés aux globules ? — En pratiquant à un animal de petites saignées, répétées à de courts intervalles, et en dosant les gaz renfermés dans un même volume de sang, on constate encore que les proportions d'oxygène et d'acide carbonique diminuent simultanément, abstraction faite de la première analyse dont il sera question plus loin (V. *Exp.* 38). L'acide carbonique, comme l'oxygène, serait donc combiné aux globules sanguins.

Exp. 18. — *Diminution simultanée de l'oxygène et de l'acide carbonique contenus dans le sang après des saignées successives.*

SANG DE LA CAROTIDE.			SANG DE L'ARTÈRE CRURALE.			S. DE 2 ART. VOLUM.	
1re heure.	2h après.	3h après.	1re heure.	1h après.	2h après.	1re heure.	2e heure.
$O =$ 25,00	24,00	23,50	17,75	16,50	15,65	20,45	18,03
$CO_2 =$ 54,50	48,25	46,58	49,25	48,25	42,35	48,18	44,25

Mais l'expérience la plus concluante consiste à comparer ce que du sang et du sérum, saturés dans les mêmes conditions, peuvent absorber de gaz acide.

On a vu déjà que 100^{cc} de sang pouvaient dissoudre à 11° jusqu'à 213^{cc} d'acide carbonique ; la solubilité physique étant supposée satisfaite, il reste 113^{cc} de gaz acide qui serait en combinaison chimique. Du sang frais, saturé, donne constamment des chiffres très-élevés, 215, 230 et même le chiffre énorme de 256^{cc} d'acide carbonique, absorbé par 100^{cc} de liquide. On ne saurait admettre que les sels, en dissolution dans la partie fluide du sang, soient capables d'absorber un tel excès de gaz ; car du sérum, renfermant tous les sels solubles qui existent dans le plasma, ne peut dissoudre qu'une quantité relativement restreinte du même gaz.

Exp. 19. — *Proportion d'acide carbonique absorbé par du sang et par du sérum, après saturation.*

100^{cc} de sang défibriné, saturé d'acide carbonique avant l'analyse, ont absorbé

$$CO_2 = 227^{cc},72 \quad 218,50 \quad 225,50 \quad 256,67 \quad 215,00 \quad 230,81$$

100^{cc} de sérum saturé d'acide carbonique ont donné

MÊME SÉRUM.		MÊME SÉRUM.		MÊME SÉRUM.	
normal.	saturé.	normal.	saturé.	normal.	saturé.
$CO_2 =$ 25^{cc},00	125,25	35,00	131,25	28,27	130,12

Tandis que du sérum, c'est-à-dire du sang moins la fibrine et les globules, absorbe 125 ou 130^{cc} d'acide carbonique 0/0, du sérum ayant conservé ses globules, ou du sang défibriné, en retient jusqu'à 250^{cc} 0/0. Il faut donc rapporter aux corpuscules colorés l'excédant d'acide carbonique que le sang défibriné est capable de dissoudre. En faisant la différence entre le sérum saturé et le sang, on trouve 110 ou 120^{cc}, comme chiffre représentant la quantité d'acide gazeux que fixent les globules de 100^{cc} de liquide.

La conclusion à tirer de ces expériences comparatives nous paraît absolue : les cellules organisées d'un volume donné de sang peuvent fixer, à elles seules, une quantité d'acide carbonique très-supérieure à celle que l'on rencontre normalement dans le même volume de liquide, pris directement aux vaisseaux de l'animal vivant. Cependant M. Fernet, dont nous ne saurions trop rappeler les belles recherches, a trouvé des différences beaucoup moins prononcées entre la capacité d'absorption du sang défibriné et du sérum. Ainsi, il a constaté qu'à 16°,1 la quantité totale d'acide carbonique absorbé par l'unité de volume de liquide était de 1,56 pour le sang et de 1,45 pour le sérum ; soit une différence de 11^{cc} 0/0. En tenant compte seulement de la partie du gaz qui n'obéit pas aux lois de Dalton, il trouve pour le sang 0,595, pour le sérum 0,470, différence 0;125 ; c'est-à-dire que les globules de 100^{cc} de sang défibriné fixeraient par eux-mêmes 12^{cc}50 d'acide carbonique, pas davantage, alors que certaines de nos expériences donnent des chiffres dix fois supérieurs.

Ce désaccord doit provenir du mode d'expérimentation. Nous avons pris du sang défibriné et du sérum ; un courant d'acide carbonique les a traversés pendant une demi-heure ou une heure, et la quantité de gaz absorbé par 100^{cc} de l'un ou l'autre liquide a été séparée par la pompe à mercure. M. Fernet, au contraire, avant toute opération, doit enlever la quantité totale d'acide carbonique renfermé dans le sérum ou dans le sang. Il obtient ce résultat par un courant d'hydrogène ou par le vide à la température ambiante ; mais les deux procédés sont inexacts et ne déplacent qu'imparfaitement l'acide carbonique du sang.

D'autres causes d'erreur ont pu s'ajouter à la précédente. Par exemple, le chiffre de 145^{cc} d'acide carbonique, absorbé par 100^{cc} de sérum, est un maximum que l'on atteint rarement (V. *exp.* 35). Ensuite les globules sanguins sont facilement altérables et il suffit que l'on opère sur du sang peu frais, ou modifié par la présence d'un sel métallique, pour qu'il absorbe beaucoup moins de gaz acide (V. *exp.* 25 et 27). Quelque circonstance de ce genre est intervenue dans les expériences de M. Fernet ; car, si l'on se reporte aux chiffres d'oxygène auxquels il arrive, on voit que la quantité maximum d'oxygène absorbé à $16°$ et à la pression normale, par 100^{cc} de sang, est de $12^{cc}36$ dont $2^{cc}79$ en dissolution et $9^{cc}57$ en combinaison. Le premier et le dernier de ces

nombres sont très-inférieurs à la réalité. La pompe à
mercure permet de vérifier que le sang du chien, saturé
d'air, absorbe de 22 à 26^{cc} d'oxygène 0/0 et non de 9 à
12^{cc}. Le déficit survenu dans le dosage de l'oxygène a
. dù se reproduire dans l'évaluation de la quantité d'acide
carbonique absorbé par l'unité de volume de sang défibriné.

On peut mesurer, en quelque sorte, la grande affinité
des globules sanguins pour l'acide carbonique, en se
servant de la machine pneumatique à mercure, et en
faisant agir sur du sang frais, saturé de gaz acide et
non dilué, d'abord le vide seul, ensuite le vide et la
chaleur, enfin un acide fixe.

Exp. 20. — *Influence successive du vide, de la chaleur et d'un
acide fixe sur 100^{cc} de sang, saturé d'acide carbonique et non
dilué.*

CO_2 dégagé dans le vide.   temp. 18° temp. 25° temp. 0° temp. 15°

A une basse tempér^{re} =	146^{cc},25	174,29	123,50	144,50 =	Gaz en dissolution et bicarbonates.
Par la chaleur =	68^{cc},75	55,43	104,61	80,00 =	CO_2 fixé aux globules.
Par l'acide tartrique =	2^{cc},50	2,00	2,70	3,00 =	Protocarbonates.
CO_2 total =	217^{cc},50	231,72	230,80	227,50	

D'après ces analyses, la quantité totale d'acide carbonique que contient le sang défibriné et saturé de gaz
peut être partagée en trois parties : 1° celle qui se dégage à la température ambiante, ou mieux à zéro, sous
l'influence du vide ; 2° celle obtenue par l'action simultanée du vide et de la chaleur ; 3° celle dégagée par un

acide fixe. Celle-ci est la plus faible; elle représente le volume d'acide carbonique existant à l'état de protocarbonate dans le sang. La seconde offre plus d'intérêt.

On sait que le vide seul est suffisant pour décomposer les bicarbonates alcalins; par conséquent, la quantité d'acide carbonique qui se dégage sous l'influence de la chaleur, associée au vide, correspond à une combinaison intermédiaire, plus intime que celle qui forme les bicarbonates, moins énergique que celle qui constitue les protocarbonates. Cette quantité s'élève à 70 ou 80^{cc}; pour nous, elle représente la proportion d'acide gazeux combiné aux globules sanguins, et elle équivaut précisément à la quantité qu'en retient encore le sang après sursaturation et 24 heures d'exposition à l'air dans une immobilité complète (V. *exp.* 11). Enfin, le premier chiffre comprend en bloc, et le gaz en dissolution, et le gaz à l'état de bicarbonate.

Ainsi, les globules sanguins sont susceptibles de fixer un volume considérable d'acide carbonique. Cette constatation atténue singulièrement l'importance que l'on pourrait attribuer aux sels du plasma, comme dissolvants du gaz acide. L'affinité spéciale des globules étant reconnue, il est difficile d'admettre que la sérosité du sang renferme de l'acide carbonique sous forme de bicarbonate, puisque l'affinité qui l'unit aux globules se montre supérieure à celle qui constitue les bicarbonates alcalins. Le gaz acide, pendant la vie, serait enlevé au plasma à mesure qu'il y est déversé. M. Preyer a donné une preuve indirecte de cette influence des globules lorsqu'il a expérimenté que du sang que l'on cherche à saturer d'acide carbonique, à l'air libre, conserve ou plutôt reprend très-vite son alcalinité, alors que le sérum devient et reste neutre dans les mêmes circonstances.

Il est même probable que les liquides normaux de l'organisme ne contiennent pas beaucoup d'acide carbonique libre ou faiblement combiné (V. *exp.* 16). Les globules sanguins et les réseaux capillaires qui leur livrent passage constitueraient un véritable moyen de drainage de l'acide carbonique (V. *exp.* 38), qui ne pourrait s'accumuler dans l'économie[1]. D'après la dernière expérience, les corpuscules de 100^{cc} de sang peuvent fixer par eux-mêmes et d'une manière intime plus de 70^{cc} d'acide gazeux. Cette proportion est atteinte quelquefois (V. *exp.* 35 et 43), mais on ne l'observe jamais dans les conditions ordinaires.

4° L'hémoglobine a autant d'affinité pour l'acide carbonique que pour l'oxygène.

Est-ce à la matière colorante ou au stroma des globules sanguins que se combine le gaz acide ? La question est litigieuse, et elle paraît accessoire dans le phénomène de la coagulation. Cependant nous avons été conduit à examiner la nature de la combinaison qui retient l'acide carbonique fixé aux hématies, pendant la vie, soit pour

---

[1] Voy. *Influence de l'hématose veineuse.* p. 217 de ce mémoire.

réfuter l'opinion qui considère l'acide du sang comme
un agent capable de détruire les globules et leur hémoglobine, soit pour expliquer la formation des caillots qui
se produisent à l'air libre ou dans l'intérieur des vaisseaux. L'importance de cette étude et la singularité de
nos résultats, en contradiction avec toutes les idées re-
çues, justifient les détails un peu minutieux dans lesquels
nous allons entrer.

D'après des recherches multipliées, la matière colorante, cristallisable, des globules, aurait une égale affinité pour les deux gaz du sang. Elle fixerait l'acide carbonique comme elle fixe l'oxygène ; et, de cette double
combinaison, sans cesse modifiée par une acquisition ou
par une perte gazeuse, résulterait chez les êtres vivants
un équilibre instable, mais compatible avec une fluidité
normale du sang.

L'hémoglobine exercerait sur l'acide carbonique l'action qu'elle exerce sur l'oxygène : 1° parce que chacune
des expériences invoquées par les physiologistes, pour
établir que l'oxygène est combiné à l'hémoglobine, peut
se répéter avec l'acide carbonique; la marche à suivre
est la même, le gaz seul a changé ; 2° parce qu'il existe
un grand nombre de faits prouvant que la quantité des
deux gaz, oxygène et acide carbonique, absorbés par le
sang diminue simultanément, lorsque la proportion des
globules rouges s'abaisse ou lorsque leur matière colorante s'altère.

§ **L'hémoglobine et les globules rouges se composent d'une manière analogue, en présence de l'oxygène ou de l'acide caboníque.**

Les preuves de l'affinité de l'hémoglobine pour l'oxygène sont les suivantes : *a*) du sang simplement défibriné peut absorber une quantité considérable d'oxygène, en dehors des lois qui régissent la dissolution des gaz dans les liquides, tandis que le sang privé de ses globules, ou le sérum, en absorbe très-peu, et conformément aux lois de Dalton ; *b*) de l'hémoglobine cristallisée, mise au contact de l'oxygène, sous une éprouvette renversée sur le mercure, absorbe un certain volume de gaz, mesuré par l'ascension du mercure dans l'éprouvette graduée ; *c*) à l'examen spectroscopique, un sang artériel très-dilué ou une solution d'hémoglobine oxygénée offrent une même apparence caractéristique. Appliquons à l'acide carbonique, placé en présence de l'hémoglobine, ces trois modes de démonstration.

a) La détermination du pouvoir absorbant du sang défibriné, comparé à celui du sérum, a fait l'objet du paragraphe précédent. Le sang absorbe 230 ou 240^{cc} d'acide carbonique 0/0, alors que le sérum n'en absorbe que 120 ou 130^{cc}. Les globules de 100^{cc} de liquide sanguin peuvent donc fixer par eux-mêmes plus de 100^{cc} d'acide carbonique. Cette proportion s'accroît lorsque le nombre des globules rouges augmente ; un magma de globules colorés absorbe trois ou quatre fois son volume d'acide carbonique, de même qu'il absorbe une ou deux fois plus d'oxygène que le sang ordinaire.

Dans cette absorption, les lois de la dissolution des gaz dans les liquides sont en grande partie éludées: on le prouve directement en saturant d'oxygène ou d'acide carbonique du sang et du sérum, portés à deux températures extrêmes, et en faisant la différence entre les volumes de gaz absorbés par l'un et l'autre liquide.

Exp. 21. — *Quantité de gaz absorbé par 100^{cc} de sang et de sérum portés à deux températures extrêmes.*

	SATURATION PAR L'AIR,		QUANTITÉ D'OXYGÈNE fixé par les globules.
	sang.	sérum.	
A une température de 15°	O = 24^{cc},20	1^{cc},25	O = 22^{cc},95 à 15°
A une température de 40°	O = 22^{cc},30	0^{cc},05	O = 22^{cc},25 à 40°
Variations dues à la tempér^{re} =	1^{cc},90	1^{cc},20	

	SATURATION PAR CO_2		QUANTITÉ D'ACIDE fixé par les globules.
	sang.	sérum.	
A une temp. de 15°	CO_2 = 227^{cc},72	139^{cc},50	CO_2 = 88^{cc},22 à 15°
A une temp. de 40°	CO_2 = 166^{cc},86	86^{cc},50	CO_2 = 80^{cc},26 à 40°
Variat. dues à la temp. =	60^{cc},86	53^{cc},00	

Dans cette expérience, un changement de température de 25° a modifié de 1^{cc},90 le volume de l'oxygène dissous par 100^{cc} de sang, et de 60^{cc} le volume de l'acide carbonique. La température a donc une certaine influence dans le sens des lois de Dalton ; mais cette influence est sensiblement égale dans l'expérience comparative faite sur du sérum, de sorte qu'il faut rapporter au liquide lui-même, et non aux globules, les variations dues à la chaleur. D'un autre côté, la quantité de gaz fixé par les glo-

bules, mesurée par la différence d'absorption du sang
et du sérum, reste une quantité à peu près constante,
quelle que soit la température à laquelle se fasse la
détermination. D'après l'expérience reproduite on trouve
dans le liquide renfermant les hématies un supplément
de 22^{cc} d'oxygène et de 80^{cc} d'acide carbonique, que
l'opération soit faite à 40° ou à 15°. Par conséquent, la
proportion d'acide carbonique qui se combine aux globules, comme celle d'oxygène, n'obéit pas aux lois qui
régissent la dissolution des gaz dans les liquides; en
un mot, les cellules colorées exercent une véritable
action chimique sur les deux gaz du sang.

b) Mais la preuve évidente que l'oxygène et l'acide
carbonique des globules rouges sont combinés à l'hémoglobine, c'est qu'une solution de cette substance est susceptible d'absorber une quantité assez notable de l'un ou
l'autre gaz. L'expérience, appliquée au gaz acide du
sang, consiste à agiter de l'acide carbonique et de l'eau,
dans une éprouvette graduée, renversée sur le mercure;
le liquide atteint bientôt une hauteur déterminée, et si
l'on introduit dans cette eau un peu d'hémoglobine, cristallisée et très-récente, on voit se produire par l'agitation une nouvelle absorption de gaz. La différence de
niveau obtenue avec l'acide carbonique est très-sensible,
sans qu'il soit nécessaire d'ajouter du carbonate de potasse à la solution, comme l'a fait M. Zuntz[1].

---

[1] Zuntz (de Bonn), *in Revue scientif.*, 1872, p. 949.

Cependant on remarque que les divers cristaux d'hémoglobine, au moment de la dessiccation, prennent une teinte foncée et deviennent insolubles en partie ou en totalité ; le fait s'observe avec les hexagones provenant de l'action de l'alcool sur le sang de cheval, et surtout avec les tétraèdres retirés par l'éther du sang de cochon d'Inde. Il est vrai qu'une trace d'alcali (ammoniaque) leur rend leur solubilité et donne une coloration vermeille au liquide ; mais nous n'avons pas cru devoir recourir à un semblable procédé pour déterminer la quantité d'acide carbonique absorbé par l'hémoglobine. La substance a été employée encore humide, et les résultats que nous indiquons ne sont qu'approximatifs.

Du reste, la matière colorante, à part son action sur les gaz, est encore mal définie ; les cristaux qui la caractérisent n'affectent pas une forme constante, et la manière dont on les obtient varie avec chaque espèce animale. Ensuite, M. Preyer [1] estime que 1 gramme d'hémoglobine, desséchée dans le vide et reprise par l'eau distillée, absorbe $1^{cc},2$ ou $1^{cc},3$ d'oxygène à une température de 0°, et sous une pression de 1 mètre, soit 1^{cc} d'oxygène environ à la température et à la pression ordinaires. Or, puisque les globules de 100^{cc} de sang normal absorbent 20 à 25^{cc} d'oxygène, 100^{cc} de sang devraient contenir 20 ou 25 grammes d'hémoglobine, poids d'une exagération évidente. Chez le chien, M. Preyer

____

Preyer, *loc. cit.*

n'a trouvé que 13^{gr},79 d'hémoglobine sèche, pour 100 grammes de liquide.

La cause de ce résultat imparfait nous a paru dépendre non-seulement des altérations spontanées de la matière colorante, mais des gaz que retient l'hémoglobine la mieux préparée. M. Hoppe Seyler [1], dont les travaux font autorité sur le sujet, reconnaît n'avoir obtenu que des traces d'hémoglobine désoxygénée, en faisant agir sur la substance cristallisée le vide (procédé de M. Preyer), ou un courant d'hydrogène (procédé de M. Kühne). La matière colorante ne cède son oxygène dans le vide que si on la chauffe, et elle tend alors à s'altérer. Mais eût-on réussi à la priver de ses gaz, il serait encore impossible de la manier sans qu'elle s'empare de l'oxygène ambiant pour le convertir bientôt en acide carbonique.

Nous avons donc cherché à opérer, non plus avec des cristaux, mais sur une solution d'hémoglobine, privée de ses gaz au préalable par un courant d'hydrogène. Le résultat a été un peu supérieur au précédent ; en ramenant à 1 gramme l'hémoglobine employée, l'absorption de l'oxygène a été de 1^{cc},50 en moyenne, et l'absorption de l'acide carbonique de 4^{cc} à une température de 15° et par une pression de 760^{mm}.

----

[1] Hoppe-Seyler, *Handbuch der Phys. und Path. Chem. Analy.*, 1870, 3ᵉ éd., p. 172 et suiv.

Exp. 22. — *Quantité d'oxygène et d'acide carbonique absorbés par 100cc d'une solution d'hémoglobine, déduction faite du gaz absorbé par l'eau.*

	Vol. d'O abs.	Vol. de CO_2 abs.
Hémoglobine de bœuf obtenue par l'éther et la congélation, solution au 50e..	O = 3cc,33	CO_2 = 11cc,00
Hémoglobine de bœuf, solution au 100e..	O = 1cc,92	CO_2 = 3cc,50
H. de cheval ob. par l'alcool, solut. au 5e.	O = 26cc,08	CO_2 = 63cc,70

On peut conclure de ce tableau que l'hémoglobine humide montre pour le gaz acide du sang une affinité supérieure à celle que cette substance accuse pour l'oxygène. Mais, puisque les deux gaz se déplacent mutuellement lorsque l'un ou l'autre se trouve en excès (V. *exp.* 33), on est porté à regarder comme équivalente la force qui les unit à la matière colorante.

Rappelons que l'oxygène combiné à l'hémoglobine des globules sanguins est appelé en Allemagne oxygène de tension ou lié, par opposition à l'oxygène libre que peut dissoudre le liquide dans des expériences de sursaturation. L'acide carbonique fixé par les globules rouges ou par l'hémoglobine peut être appelé également acide carbonique de tension ou lié, par opposition à l'acide en dissolution ou libre, et à l'acide combiné aux sels e⸱ dégagé des protocarbonates par un acide fixe. Le gaz à l'état de protocarbonate mis à part, le sang en circulation dans les vaisseaux ne renfermerait que de l'acide carbonique de tension ou lié aux globules, et pas du tout d'acide libre (V. *exp.* 11, 20 et 21).

c) L'examen spectroscopique d'une eau colorée par

des globules sanguins [1], ou par l'hémoglobine, a démontré que l'air ou le contact de l'oxygène imprime un certain aspect à la matière colorante, et qu'un courant d'acide carbonique, d'oxyde de carbone ou d'acide sulfhydrique, etc., lui donne des aspects différents. Mais les deux spectres les mieux caractérisés du sang sont celui de l'hémoglobine oxygénée et celui de l'hémoglobine traitée par l'acide carbonique, ou hémoglobine réduite. Quelques bulles de gaz acide, passant dans la solution oxygénée, déterminent une réduction immédiate; réciproquement, une courte agitation à l'air ramène la bande jaune, bordée de noir, qui est spéciale à la matière colorante oxygénée. Le spectroscope, appliqué à l'étude du sang ou de l'hémoglobine, conduit donc à attribuer le spectre de réduction à l'acide carbonique, comme le spectre d'oxygénation à l'oxygène. Le passage de l'un à l'autre résulterait d'un déplacement de gaz, analogue à celui qui a lieu dans le sang des capillaires pulmonaires ou périphériques.

Cependant, si l'oxygène est considéré comme donnant à l'hémoglobine une image spectrale caractéristique, on admet moins volontiers que l'acide carbonique communique à cette substance une image spéciale. Le spectre de l'hémoglobine réduite est rapporté au départ de l'oxygène plutôt qu'à l'apparition de l'acide carbonique, bien qu'il soit avéré que l'image réduite ne s'observe sur le sang des animaux qu'après l'asphyxie. On attribue la

[1] Stokes, *Philos. trans.*, 1864, t. XXVIII, p. 391 et suiv.

réduction à la désoxygénation des globules rouges, parce qu'elle se produit à l'air, ou dans le vide, ou sous l'influence de certains agents chimiques; mais cette manière de voir n'envisage que l'un des éléments de la question.

Ainsi, **M.** Preyer a montré qu'une solution de sang ou d'hémoglobine oxygénée, placée dans un vase fermé, se réduit d'elle-même en été, c'est-à-dire que la réduction résulte, non du départ de l'oxygène, mais de sa transformation sur place en acide carbonique (**V.** *exp.* 7). Ensuite, le vide seul ne déplace pas l'oxygène de l'oxyhémoglobine (Hoppe-Seyler); pour obtenir la réduction par ce procédé, il faut chauffer une solution étendue, et l'élévation de température transforme en acide carbonique une partie de l'oxygène renfermé dans le liquide, d'où un changement de couleur. De plus, la teinte violacée, lie de vin, que prend le sang désoxygéné à la pompe à mercure, parait très-différente de la coloration noirâtre du sang saturé d'acide carbonique. Enfin, les agents dits réducteurs, sulfate de fer, tartrate d'ammoniaque ou sulfures alcalins, quoiqu'ils modifient le spectre oxygéné dans le sens de la réduction, ont une action chimique plus complexe qu'une simple désoxygénation de l'hémoglobine. Les sels acides ou alcalins suffisent pour déplacer définitivement les raies de l'image spectrale, et l'expérience 27 montre que les sels neutres sont sans action, ou restreignent à la fois l'affinité du sang pour l'oxygène et pour l'acide carbonique.

M. Gréhant [1] a vu aussi une solution d'hémoglobine oxygénée, très-diluée, dans laquelle il avait introduit des poissons, se réduire peu à peu. Mais les poissons exhalent de l'acide carbonique, comme tous les autres animaux, et la réduction serait le résultat du déplacement produit par le gaz acide, plutôt que la conséquence de la desoxygénation, qui doit se produire assez vite du reste dans un vase fermé.

Une dernière objection, c'est que l'oxyde de carbone qui forme une combinaison définie avec l'hémoglobine, se substitue complétement à l'oxygène et ne déplace presque pas l'acide carbonique du sang. Mais du liquide sanguin, saturé d'oxyde de carbone, peut absorber son volume d'acide carbonique, suivant **M. Cl. Bernard** [2]; ensuite, un courant du même gaz chasse assez rapidement le gaz toxique fixé aux globules. Du sang contenant 20^{cc} d'oxyde de carbone 0/0 n'en contenait plus que $9^{cc}5$ après avoir été traversé pendant une heure et quart par un courant d'acide carbonique. Aussi, pour que la réciproque ne s'observe pas, il suffit que l'affinité de la matière colorante et de l'acide carbonique soit plus grande que celle de l'oxyde de carbone, ou qu'elle persiste malgré la présence du gaz qui a éliminé l'oxygène Enfin, du sang laissé au contact de l'oxyde de carbone en absorbe d'autant plus qu'il contient moins d'acide car-

---

[1] Gréhant, *Revue scient.*, 1871, t. I, p. 426.

[2] Cl. Bernard, *Liquides de l'organisme*, t. I, p. 388.

bonique : 100^{cc} de sang défibriné, agité avec de l'oxyde de carbone, ont donné $CO = 21^{cc},5$ et $CO^2 = 37^{cc}$; le même saturé de gaz acide, puis d'oxyde de carbone, avait retenu $CO = 18^{cc},5$ et $CO^2 = 53^{cc}$; le même encore, soumis à une suroxygénation préalable, renfermait $CO = 23^{cc}$ et $CO^2 = 15^{cc},5$. D'après ces chiffres, la quantité d'oxyde de carbone fixé par le sang, augmente lorsque la proportion d'acide carbonique diminue, et réciproquement. Les deux gaz, dérivés du carbone, doivent donc coexister dans le sang, combinés à la même substance, comme l'oxygène et l'acide carbonique coexistent pendant la vie.

Le sang normal, en effet, représente toujours une double combinaison d'oxygène et d'acide carbonique, les différences que l'on observe entre le contenu des artères et celui des veines consistant en simples oscillations. Or, l'examen du sang des veinules et des capillaires de la membrane interdigitale de la grenouille, montre le spectre de l'hémoglobine réduite superposé à celui de l'hémoglobine oxygénée[1] ; en d'autres termes, les extrémités de l'image spectrale sont éteintes en partie, comme dans le sang veineux, tandis que le centre présente les deux raies qui caractérisent le sang artériel. Une telle superposition implique un spectre particulier pour l'hémoglobine carbonatée ; et celui qui se forme après l'action de

---

[1] Fumouze, *Thèse de Paris*, 1870, pp. 66 et 115.

l'oxyde de carbone offre quelque analogie avec ce spectre mixte, particulier au liquide sanguin en circulation dans les vaisseaux.

Ainsi, les expériences qui tendent à établir la réalité d'une combinaison entre l'oxygène du sang et la matière colorante des globules, peuvent servir à prouver le même fait pour l'acide carbonique, les objections que soulève l'examen spectroscopique paraissant mal fondées. Une seconde série d'arguments, fournis par l'analyse des gaz, vient corroborer cette opinion.

§ Diminution du pouvoir absorbant du sang pour les gaz par raréfaction des globules rouges ou altération de l'hémoglobine.

Nous avons déjà rapporté plusieurs expériences d'après lesquelles la proportion d'oxygène et d'acide carbonique, contenus normalement dans le sang, augmente lorsque les globules sanguins sont plus nombreux, et diminue lorsqu'ils sont plus rares. Ces variations simultanées se produisent après des saignées répétées (V. *exp*. 18), ou après une diminution de la densité du sang, causée par l'inégale distribution des globules dans les vaisseaux de différents calibres (V. *exp*. 17). On les constate encore lorsqu'on dilue le sang, soit par une injection d'eau albumineuse dans les veines, soit par une abondante ingestion de boissons aqueuses, soit par un simple mélange *in vitro*. Nous reproduisons ces expériences, bien qu'elles ne soient qu'une répétition des premières, parce qu'elles établissent l'exactitude du procédé qui consiste à déterminer, par l'analyse des gaz, la richesse du sang en globules colorés.

EXP. 23. — *Diminution simultanée de l'oxygène et de l'acide carbonique dans le sang dilué d'un animal.*

INJECTION D'EAU ALBUMINEUSE
dans les veines d'un chien.

	État normal	40cc d'eau.	160cc d'eau.
$O =$	18cc,74	18,06	17,14
$CO_2 =$	50cc,00	45,54	37,86

INFLUENCE DES BOISSONS AQUEUSES.

	Gaz du sang		Gaz du sang	
	avant de boire.	après.	avant de boire.	après.
$O =$	17cc,25	15,75	14,50	12,50
$CO_2 =$	44cc,20	42,25	53,00	45,00

A égalité de volume, un sang plus aqueux ou moins riche en corpuscules colorés renferme moins d'oxygène et moins d'acide carbonique que le même sang avant la dilution. Par conséquent, si l'oxygène est combiné à l'hémoglobine des globules rouges, ce que tout le monde admet, l'acide carbonique doit y être combiné au même titre.

L'expérience suivante est très-analogue ; mais elle ne porte plus sur l'animal vivant, et pour observer les variations dues à la raréfaction des globules, il est nécessaire de mesurer la *quantité maximum* d'acide carbonique ou d'oxygène que peut dissoudre le sang pur et le sang légèrement dilué. La dilution, en raréfiant ou en dissolvant les globules rouges, entraîne encore une double diminution dans le volume de gaz absorbé.

Exp. 24. — *Diminution du pouvoir absorbant du sang pour l'oxygène
et pour l'acide carbonique, après une légère dilution.*

SANG NORMAL		SANG DILUÉ 1/4	
saturé d'air.	d'acide carb.	saturé d'air.	d'acide carb.
$O = 24^{cc},20$	$CO_2 = 227^{cc},72$	$O = 15,50$	$CO_2 = 205,00$

SANG DILUÉ 1/3	
saturé d'air.	d'acide carb.
$O = 14^{cc},00$	$CO_2 = 179,00$

Ces faits nous ont conduit à essayer une nouvelle démonstration, reposant sur l'analyse des gaz dissous par
une égale quantité de sang, avant et après une *altération limitée* à la matière colorante des globules. Cette
altération s'obtient par différents procédés, qui consistent
à laisser le sang s'oxyder spontanément à l'air, ou à le
traiter par certains agents chimiques, dont l'addition
produit tantôt une diminution, tantôt une augmentation
de la capacité du liquide pour les deux gaz, oxygène et
acide carbonique. Nous formerons trois groupes de ces
expériences, et nous exposerons d'abord celles qui ont
trait à l'altération spontanée de l'hémoglobine, quoiqu'elles présentent un inconvénient au point de vue du
dosage exact de l'acide carbonique absorbé par le
sang.

a) La simple *conservation* du liquide sanguin en dehors des vaisseaux, à une température de 25 ou 30°, altère sensiblement l'hémoglobine et diminue le pouvoir
absorbant des globules rouges pour l'oxygène et pour
l'acide carbonique.

Exp. 25. — *Quantité maximum d'oxygène et d'acide carbonique absorbés par 100^{cc} de sang à 30°, conservé au contact de l'air à la même température.*

	1er JOUR. COURANT		2e JOUR. COURANT	
	d'air.	de CO_2.	d'air.	de CO_2
$O = 23^{cc},00$		»	13,30	»
$CO_2 = 32^{cc},00$		$178^{cc},50$	31,11	175,23
CO_2 dégagé à froid =		$107^{cc},50$		103,06
CO_2 dégagé à chaud =		$71^{cc},00$		72,17

	3e JOUR. COURANT		4e JOUR. COURANT	
	d'air.	de CO_2.	d'air.	de CO_2.
$O = 9^{cc},50$		»	9,00	»
$CO_2 = 29^{cc},50$		176,50	38,00	168,50
CO_2 dégagé à froid =		$100^{cc},50$		97,50
CO_2 dégagé à chaud =		$76^{cc},00$		71,00

A mesure que le sang est conservé plus longtemps, la quantité maximum d'oxygène qu'il dissout s'abaisse jusqu'à ce qu'elle tombe à un certain chiffre, correspondant à une transformation plus stable de la matière colorante. Mais la capacité du sang pour l'acide carbonique est loin de diminuer dans la même proportion. Cette diminution, cependant, devrait être aussi prononcée si les deux gaz étaient combinés à la même substance. Nous avons donc supposé quelque cause d'erreur provenant de la conservation elle-même. Il a été reconnu, en effet, qu'il se forme de *l'ammoniaque* pendant l'exposition du sang à l'air, d'où la possibilité pour le liquide d'absorber une plus grande quantité d'acide carbonique après un certain temps de conservation.

La présence du carbonate d'ammoniaque dans le sang

conservé, peut être vérifiée par différents procédés; le
meilleur consiste à l'évaporer jusqu'à siccité dans le
vide, en s'aidant d'une douce chaleur; le liquide qui
résulte de cette distillation contient une proportion d'ammoniaque très-notable, pour peu que le sang ait été conservé un jour ou deux. Après l'élimination des sels
ammoniacaux, si l'on ajoute de l'eau à ce sang desséché
de manière à reproduire son volume primitif, on
pourra déterminer sa capacité pour l'oxygène et pour
l'acide carbonique. En prolongeant l'action de l'acide gazeux sur le sang chauffé à 20 ou 30°, on peut aussi en-
trainer les produits volatils ; le sang finit par perdre de
son alcalinité, et son pouvoir absorbant pour l'acide
carbonique diminue peu à peu.

Exp. 26. — *Volume de gaz absorbé par* 100^{cc} *de sang conservé.*

1° PRIVÉ DE SES PRODUITS AMMONIACAUX.

1er jour.	courant	4e jour.	courant
d'air.	de CO_2.	d'air.	de CO_2.
$O = 20^{cc},3$	$CO_2 = 260^{cc},4$	$O = 12,6$	$CO_2 = 205,1$

2° RETENANT SES SELS AMMONIACAUX

et traité à 30° par un courant de CO_2, pendant

1/4 d'heure.	3/4 d'heure.	1^h 1/2.	3 heures.
$CO_2 = 148^{cc}$	172	158	136

D'après cette expérience, la quantité maximum d'a-
cide carbonique absorbé par du liquide sanguin conservé s'affaiblit très-sensiblement lorsqu'il a été privé
de ses produits ammoniacaux de nouvelle formation. La

proportion diminue de 50 ou 60^{cc} 0/0, alors que celle d'oxygène s'abaisse de 8 ou 10^{cc}. Cette décroissance simultanée ne peut se rattacher qu'à l'altération d'une substance organique avide de gaz ; car les composés salins non volatils, capables de fixer l'acide carbonique, ne sont pas susceptibles de se modifier, tandis que l'on sait combien les globules colorés sont altérables, une fois qu'ils ont été soustraits à l'influence de la vie.

b) La méthode précédente oblige à éliminer les sels ammoniacaux, produits de l'altération spontanée des globules et du liquide sanguins, avant de procéder à l'expérience ; aussi l'on obtient un résultat plus satisfaisant lorsqu'on agit directement sur la matière colorante, au moyen de *sels neutres*, incapables de coaguler l'albumine et de changer beaucoup la composition du sang. Le sulfate de fer, l'azotate d'argent... dont les dissolutions étendues passent pour altérer l'hémoglobine sans modifier les autres éléments du sang, ont été essayés. Deux portions du même sang, additionnées, la première d'eau distillée, la seconde d'une égale quantité de la solution saline, ont été traversées pendant le même temps par un courant d'air et par un courant d'acide carbonique ; ensuite l'on a fait le dosage du volume de gaz absorbé. Lorsque le sel ajouté change la capacité du sang pour l'oxygène, sa capacité pour l'acide carbonique varie dans le même sens.

Exp. 27. — *Quantité maximum de gaz absorbé par 100cc de sang normal et de sang modifié par un sel neutre agissant spécialement sur l'hémoglobine.*

SANG NORMAL étendu de 1/4 d'eau pure		MÊME SANG MODIFIÉ PAR 1/4 d'une sol. de sulfate de fer		MÊME SANG AVEC 1/4 d'une sol. de cyanof. de pot.	
saturé d'air.	d'acide carbon.	satur. d'air.	d'acide carbon.	satur. d'air.	d'acide carbon.
$O = 15^{cc},5$	$CO^2 = 205,0$	$O = 12,0$	$CO^2 = 169,0$	$O = 15,0$	$CO^2 = 194,5$

SANG NORMAL étendu de 1/3 d'eau pure.		MÊME SANG MODIFIÉ PAR 1/3 d'une sol. de sulfate de fer.		MÊME SANG MODIFIÉ PAR 1/3 d'une sol. d'azotate d'arg.	
saturé d'air.	d'acide carbon.	satur. d'air.	d'acide carbon.	satur. d'air.	d'acide carbon.
$O = 14^{cc},0$	$CO^2 = 179,0$	$O = 8,5$	$CO^2 = 135,0$	$O = 10,0$	$CO^2 = 167,5$

Ainsi, les sels neutres qui passent pour altérer spécialement la matière colorante du sang, diminuent son affinité pour l'acide carbonique comme pour l'oxygène ; et ceux qui ne modifient pas les propriétés optiques de l'hémoglobine, tels que le cyanoferrure de potassium, restent sans action sur la quantité de gaz dissous par le liquide sanguin.

c) D'autres *corps neutres* ont une influence inverse. Le chloroformé et surtout l'éther, ajoutés en petite quantité, augmentent la proportion de gaz absorbé par un même volume de sang, après le passage de l'un ou de l'autre courant; soit que cette addilition transforme le liquide en une solution d'hémoglobine, comme l'admet M. Gréhant [1], soit que l'éther et le chloroforme augmentent simplement l'affinité de la matière colorante pour les gaz [2].

[1] Gréhant, *Revue scient.*, 1871, t. I, p. 424.
[2] Bert, *Leç. sur la respiration*, 1870, p. 137.

Exp. 28. — *Quantité maximum de gaz absorbé par* 100^{cc} *de sang normal et de sang modifié par l'éther ou le chloroforme.*

SANG NORMAL DILUÉ		LE MÊME AVEC 1^{cc} D'ÉTHER		LE MÊME AVEC 1^{cc} DE CHLOROF	
saturé d'air.	d'acide carbon.	satur. d'air.	d'acide carbon.	satur. d'air.	d'acide carbon.
O=16^{cc},5	CO²=157,0	O=24,0	CO²=218,5	O=19,0	CO²=180,0

SANG NORMAL ANCIEN		MÊME SANG AVEC ÉTHER		MÊME SANG AVEC CHLOROF.	
saturé d'air.	d'acide carbon.	satur. d'air.	d'acide carbon.	satur. d'air.	d'acide carbon.
O= 9^{cc},3	CO²=174,5	O=18,4	CO²=270,0	O=14,16	CO²=183,5

Ces expériences multipliées permettent d'affirmer que l'altération de la matière colorante des globules diminue l'affinité du sang, et pour l'oxygène et pour l'acide carbonique, tandis que le mélange de l'éther l'augmente.

Par conséquent, les deux gaz en circulation dans les vaisseaux seraient combinés à la même substance, à l'hémoglobine qui imprègne les globules rouges et non à leur stroma albumineux. Nous ne voulons pas dire que tout l'acide carbonique du sang soit combiné à la matière colorante, il est possible que les sels de potasse qui entrent dans la composition des hématies, en retiennent quelque peu, comme la soude du plasma. Il est possible encore que l'on constate une certaine affinité des globules blancs ou lymphatiques pour le gaz acide de l'organisme (V. *exp.* 45); mais certainement l'hémoglobine est capable d'en absorber une bonne proportion.

Cette conclusion nous mettra à même de comprendre les déplacements gazeux, dont le sang qui se coagule à l'air est le siége. Elle nous permettra d'expliquer les coagulations cachectiques qui se produisent pendant l'existence, et qui coïncident précisément avec une altération des globules, caractérisée par une diminution de leur affinité pour les gaz. Elle nous autorise actuellement à nier que le gaz acide du sang, à l'état physiologique, soit un agent destructeur des globules sanguins et de leur matière colorante. En effet, les expériences qui confèrent à l'acide carbonique une influence immédiate et nuisible ont été faites dans des conditions tout à fait anormales. On a produit une sursaturation qui ne s'observe que dans l'asphyxie, ou bien de l'eau est intervenue et a désagrégé les cellules colorées [1], avant que le précipité de globuline, causé par le gaz acide, soit devenu apparent.

Schultz [2], opérant sur du sang défibriné et non dilué, a observé que l'acide carbonique gonfle les globules rouges et les rend plus obscurs, tandis que l'oxygène les contracte et leur donne plus d'éclat ; mais rien de plus, lorsque l'action du gaz est courte et intermittente. Cependant, si l'acide carbonique est employé en excès et avec persistance, des altérations surviennent, les globules se dissolvent et l'hémoglobine se dédouble en hématine et en globuline ; mais l'oxygène, appliqué d'une manière continue, produit une destruction aussi rapide. Il suffit, pour s'en convaincre, de conserver dans deux vases fermés du sang non étendu et saturé, l'un d'acide carbonique, l'autre de gaz comburant ; puis

---

[1] Muller, *Manuel de Physiol.*; trad. Jourdan, 1845, t. I, p. 91.
[2] Schultz, *System der circulatione*, Tubingen, 1838, p. 29.

d'examiner, après un temps suffisant, la forme des hématies et leurs propriétés optiques ou leur pouvoir absorbant pour les gaz.

Résumons chacun des termes de cette discussion : 1° Tous les gaz que renferme le sang, pris au vaisseau, y sont en combinaison intime ; 2° le plasma sanguin ne renferme que très-peu d'acide carbonique ; 3° les globules du sang peuvent absorber une quantité énorme de gaz acide et en retenir, à l'air ou dans le vide, de 70 à 80^{cc} 0/0 ; 4° l'hémoglobine montre autant d'affinité pour l'acide carbonique que pour l'oxygène. N'est-il pas permis de conclure de ces divers résultats que, pendant la vie, l'acide carbonique est combiné spécialement aux globules rouges, et, dès lors, qu'il ne saurait agir sur la fibrine en dissolution dans le plasma, comme acide carbonique libre.

5° L'acide carbonique détermine des coagulations lorsqu'il cesse d'être éliminé.

L'acide carbonique se trouverait hors d'état de coaguler la fibrine du sang en circulation, parce qu'il est retenu par les globules sanguins. Le complément de cette fonction des globules était une élimination constante du gaz acide, déversé par les tissus dans le torrent circulatoire. Énumérons les principales voies d'excrétion de l'acide carbonique, nous examinerons ensuite les accidents que cause leur oblitération.

§ **Différentes voies d'élimination de l'acide carbonique.**

L'exhalation de l'acide carbonique par les *poumons* est un fait trop connu pour qu'il soit nécessaire d'y insister. Mais, si l'on cherche à évaluer la quantité d'acide gazeux éliminé par cette voie, on constate qu'elle est loin de représenter tout l'oxygène introduit dans la circulation pendant le même temps. M. Dumas [1] estime qu'en une heure un homme absorbe par la respiration 23 litres d'oxygène à peu près, tandis qu'il exhale 13 litres seulement d'acide carbonique, quantité correspondant à un volume égal d'oxygène. En poids et par heure on aurait environ 33 grammes d'oxygène absorbé, et 18 ou 19 grammes d'oxygène, éliminé sous forme d'acide carbonique ; le rapport entre ces deux nombres est comme 1 est à 0,6. Les chiffres de MM. Regnault et Reiset [2], donnent comme rapport moyen chez les mammifères au repos 0,8 ; mais ces observateurs mesurent les gaz absorbés et éliminés par l'organisme tout entier, et non par la respiration seulement. Une certaine quantité d'acide carbonique serait donc exhalée par d'autres voies que les organes pulmonaires.

Le tégument externe ou la *peau* est un moyen accessoire d'excrétion de l'acide carbonique. On peut le vérifier en introduisant l'avant-bras, par exemple, dans un

---

[1] Dumas, *Chimie physiol.*, 1846, pp. 456 et 458.

[2] Regnault et Reiset, *Ann. de Phys. et de Ch.*, 3e série, t. XXVI, p. 299.

cylindre fermé ; l'air du cylindre, privé d'acide carbonique avant l'expérience, en contenait $5^{cc},8$ après cinq heures, et si l'on tient compte de la surface totale du corps, qui est de 150 décimètres carrés environ, l'élimination qui se produit par cette voie atteindrait en 24 heures $192^{cc}56$. Ce chiffre est certainement trop faible ; d'après Scharling [1], l'exhalation de l'acide carbonique par la surface cutanée serait 38 fois moindre que celle qui s'effectue par les poumons. Comme un homme expire environ 312 litres d'acide carbonique en 24 heures, l'élimination par la peau serait de 8 litres au moins. Suivant MM. Regnault et Reiset, elle ne serait chez les mammifères que les 0,008 de l'exhalation totale du corps, soit deux litres et demi ou trois litres par jour ; mais on comprend que l'activité de cette excrétion soit variable avec l'espèce animale.

Dans l'air confiné du cylindre, après l'expérience précédente, on constate en même temps que l'apparition de l'acide carbonique, une disparition d'oxygène qui s'est élevée à $9^{cc},27$ en 5 heures pour l'avant-bras, ou à $307^{cc},76$ en 24 heures pour le corps tout entier. Collard de Martigny [2] conclut de ce changement de composition à une exhalation d'azote ; mais on s'explique moins facilement celle-ci qu'une absorption d'oxygène par les téguments, analogue à celle qui se passe dans les différents tissus de l'économie.

[1] Scharling, *Ann. de Phys. et de Ch.*, 3ᵉ série, t. VIII, p. 129.
[2] Collard de Martigny, *Arch. gén. de méd.*, 1827, t. XI, p. 7.

Le double mouvement d'absorption et d'élimination qui constitue la respiration cutanée est encore démontré par les différences que présente le sang veineux du réseau superficiel et du réseau profond des membres. Le sang des veines sous-cutanées contient plus d'oxygène et moins d'acide carbonique que celui des veines centrales, et, par sa composition, il se rapproche du sang artériel.

Exp. 29. — *Analyses du sang veineux superficiel et profond des membres, comparé au sang artériel chez le chien.*

	MEMBRE INFÉRIEUR ET COU.				MEMBRE INFÉRIEUR.		
	s. artér.	v. superf.	v. prof.	v. jug. ext.	v. prof.	v. superf.	s. artér.
$O =$	24cc,29	20,95	16,67	16,96	11,19	17,62	20,00
$CO^2 =$	43cc,57	46,34	49,28	48,60	54,09	52,14	45,24

Comme les animaux sur lesquels ont porté ces analyses étaient immobilisés, leurs combustions musculaires étaient aussi réduites que possible; la diminution de l'acide carbonique et l'augmentation de l'oxygène dans le sang des veines superficielles, comparé à celui des veines profondes, se rattachent donc, suivant toute apparence, à l'échange gazeux qui s'exerce au travers du tégument externe, et à la sécrétion d'acide carbonique qui a lieu par les glandes de la peau. Celle-ci, en 24 heures, s'élèverait à 25 grammes de gaz acide, d'après M. Huxley [1], ou à 12 litres environ.

Les organes *glandulaires* représentent, en effet, une troisième voie d'élimination pour l'acide carbonique du sang. La sueur, les urines, la salive, la bile et probable-

---

[1] Huxley, *Physiol. élém.*, trad. Dailly, p. 335.

ment toutes les sécrétions animales, renferment de l'acide carbonique, tant libre que combiné, et souvent en proportion très-élevée. Ce genre d'excrétion a déjà été indiqué par M. Cl. Bernard [1].

EXP. 30. — *Proportion d'acide carbonique renfermé dans* 100cc *de divers liquides d'excrétion.*

	MÊME INDIVIDU.		MÊME INDIVIDU.		URINE d'herbivore.	URINE de carnivore.	BILE DE BŒUF	
CO^2 dégagé	urine.	salive.	urine.	salive.			récente.	24h ap.
Par la chaleur = 3,50	17,50	16,43	8,50		72,00	2,65	11,75	13,50
Par un acide = 3,00	9,75	12,00	0,88		100,00	20,00	110,50	41,25
CO^2 = 6,50	27,25	28,43	9,38		172,00	22,65	122,25	54,75

L'élimination de l'acide carbonique par les glandes peut être encore prouvée par l'analyse des gaz du sang veineux des reins (V. *exp.* 8). Le sang qui provient des organes glandulaires en fonction est moins chargé d'acide carbonique ; par suite, il est moins coagulable et plus rutilant que le sang veineux ordinaire. L'excrétion, se produisant par les urines et par la transpiration cutanée, expliquerait aussi pourquoi ces deux sécrétions augmentent après un bain d'acide carbonique ou les inhalations préconisées par M. Herpin de Metz. Les voies d'élimination de l'acide carbonique sont donc nombreuses et, dans les conditions normales, ce gaz ne saurait s'accumuler dans le sang.

[1] Cl. Bernard, *Liq. de l'org.*, t. I, p. 346.

§ Étude expérimentale de l'asphyxie.

Admettons maintenant que la principale voie d'élimination de l'acide carbonique vienne à être oblitérée : les globules sanguins ne pourront plus se débarrasser de leur gaz acide; leur affinité, qui a nécessairement une limite, se trouvera satisfaite; de l'acide carbonique passera dans le plasma et bientôt il exercera son action coagulante sur la fibrine. Des coagulations partielles se produiront dans le sang des veines, et, entraînées par le mouvement circulatoire, elles s'arrêteront dans les capillaires des poumons, où elles détermineront des oblitérati ns vasculaires et des engorgements veineux. Ces coagulums se multipliant, la stase sanguine se généralisera dans les vaisseaux pulmonaires, et l'arrêt mécanique de la circulation en sera la conséquence. N'est-ce pas là ce que l'on observe dans la mort par submersion ou dans la suffocation ?

Mais, avant de poursuivre cette étude, à quel moment l'acide carbonique passera-t-il dans le plasma, ou quelle est la quantité de gaz acide que les globules absorberont, avant que leur affinité spéciale ne soit satisfaite ou annulée? Cette recherche présentait quelque intérêt, car plus l'affinité des globules pour l'acide carbonique sera grande, plus les accidents de coagulation ou d'asphyxie mettront de temps à apparaître, et réciproquement.

En faisant agir comparativement un courant d'acide carbonique sur du sang défibriné et sur du sérum, on constate que le liquide renfermant des globules dissout 100 ou 110^{cc} d'acide carbonique de plus que le sérum (V. *exp*. 19). Ce chiffre représenterait la quantité maximum que peuvent fixer les globules de 100^{cc} de sang. Cependant, si l'on place dans le vide ce sang saturé, et si l'on élimine tout le gaz susceptible de se dégager à une basse température, on trouve que les globules de 100^{cc} de sang ne retiennent que 70 ou 80^{cc} d'acide carbonique (V. *exp*. 20). Ce second chiffre est plus faible que le précédent, mais il équivaut à une quantité d'acide carbonique intimement combinée et non à l'état de bicarbonate. Aussi, il nous paraît représenter la limite de saturation des globules sanguins au delà de laquelle le gaz passerait dans le plasma et y provoquerait la coagulation de la fibrine.

Cette limite, constatée sur du sang saturé d'acide carbonique dans une éprouvette, est à peu près la même pour le sang en circulation. On s'en assure en recherchant quelle est la proportion d'acide gazeux absorbée par le sang artériel, alors qu'un animal respire dans une atmosphère composée de 79 parties d'acide carbonique et de 21 parties d'oxygène.

Exp. 31. — *Analyse de 100^{cc} de sang chez des animaux asphyxiés.*

	AVANT LA MORT.		
	Sang artériel.		S. veineux après une insolation momentan.
	atmosphère artificielle. ($CO^2 = 79$ et $O = 21$)	Ligature de la trachée.	
$O = 20^{cc},70$	17,00	3,07	4,25
$CO^2 = 68^{cc},60$	71,50	50,00	73,79

SANG VEINEUX APRÈS LA MORT.

Analyses de Setchenow.		Analyses de Holmgren.	
animaux	étouffés.	étouffés.	asphyxiés.
CO_2 lié = 49,37	41,18	54,65	69,20
CO_2 comb. = 5,74	4,32	0,80	0,06

Du sang artériel peut contenir plus de 70^{cc} d'acide carbonique 0/0, et rester fluide dans l'intérieur des vaisseaux ; le sang veineux également. Dans ces expériences, la mort est imminente ; on peut donc affirmer que 70 ou 75^{cc} représentent la quantité maximum d'acide gazeux capable de s'accumuler dans le liquide sanguin. Lorsque le sang d'un animal vivant a dissous les trois quarts de son volume d'acide carbonique, des accidents d'asphyxie sont prêts à se produire, ou, ce qui revient au même, de l'acide libre peut passer dans le plasma et y déterminer des coagulations.

Ces coagulums et l'arrêt vasculaire qui en résulte seraient la cause de la mort par asphyxie; ils ont été constatés par les observateurs les plus attentifs, nous ne faisons qu'interpréter leur mode de formation. La mort par rétention d'acide carbonique et par coagulation spontanée du sang peut être consécutive à l'asphyxie pulmonaire ou à la suppression de la transpiration cutanée... Rappelons brièvement les faits d'observation qui viennent à l'appui de nos expériences.

L'action de l'acide carbonique sur l'organisme a été l'objet de nombreuses recherches [1]. Depuis les expé-

---

[1] Perrin, *Dict. des Sc. méd.*, art. ASPHYXIE.

riences de M. Leblanc [1], il est reconnu qu'une faible
quantité d'acide carbonique, répandue dans l'atmosphère,
abaisse sensiblement la proportion d'oxygène absorbé
par la respiration ; mais le mécanisme de la mort est
resté à peu près inconnu. On a constaté, sous l'influence
de l'air confiné, une gêne de la respiration et de la circulation, le ralentissement des mouvements du cœur et
son arrêt définitif [2]. Cependant, lorsque la mort survient
dans une atmosphère d'hydrogène ou d'azote, les mêmes
phénomènes se produisent; aussi M. Bert [3] reconnaît
que l'influence toxique de l'acide carbonique demeure
sans explication.

La cause de l'arrêt du cœur, comme nous l'avons déjà
remarqué, serait due à une action mécanique. Le sang,
revenant des tissus saturé d'acide carbonique, se coagulerait partiellement ; ces petits caillots, entraînés par la
circulation, s'arrêteraient dans les capillaires des poumons, et de l'oblitération de ces derniers résulteraient
d'abord une gêne de la petite circulation [4], ensuite l'interruption du cours du sang et la suspension des mouvements du cœur. Avant la mort, on observe une
augmentation de la pression artérielle (Bichat), en rapport avec la difficulté qu'éprouve le sang noir à traverser

---

[1] Leblanc, *Ann. de Pharm. et de Ch.*, 3ᵉ série, t. V, p. 223.
[2] Cl. Bernard, *Leç. sur les subs. tox.*, p. 229, et *Revue scientif.*,
1872, p. 1161.
[3] Bert, *Leç. sur la respir.*, p. 503.
[4] Haller, *Élém. de Physiol.*, 1766, t. III. p. 254.

les voies pulmonaires [1] ; et, à l'autopsie, on trouve des coagulations dans les plus fins vaisseaux des poumons [2], points de départ d'infarctus hémorrhagiques et d'un engorgement veineux qui peut s'étendre à l'artère pulmonaire, aux cavités droites du cœur et aux veines caves. Le cœur gauche et l'aorte sont vides.

En expérimentant sur des animaux, on constate ces coagulations pulmonaires immédiatement après la mort par occlusion des voies aériennes, tandis qu'on ne les trouve pas lorsqu'ils succombent à tout autre traumatisme. D'après M. Faure [3], le cœur peut renfermer des caillots volumineux et consistants ; on les observe lorsque l'asphyxie est lente ; mais lorsqu'elle est rapide, les coagulums ne siégent que dans le parenchyme pulmonaire, là où l'acide carbonique accumulé dans les bronches a exercé une action supplémentaire. Le sang des cavités droites et des veines caves resterait fluide, soit qu'il n'ait pas eu le temps de se saturer de gaz acide dans les voies respiratoires, soit que sa fibrine ait été coagulée isolément ; car la filtration sur un linge en sépare habituellement des grumeaux fibrineux. La proportion d'acide carbonique que renferme le sang resté fluide est assez variable ; elle serait supérieure lorsque l'animal est asphyxié lentement (Holmgren, V. *exp*. 31), et moindre lorsqu'il est étouffé (Holmgren,

[1] J. Philipps Kay, *J. du Progrès*, t. X, p. 67, et XI, p. 18.
[2] Tardieu, *Études médico-légales*, 1870, pp. 42, 116, 256 et 289.
[3] Faure, *Arch. gén. de méd.*, 5e série, 1856, t. VII, pp. 20 et 290.

et Setchenow). Ces derniers résultats sont empruntés à un mémoire de M. Ludwig [1], où se trouvent résumés les principaux travaux entrepris en Allemagne sur les gaz du sang.

On a noté que les coagulums de l'asphyxie sont mous et diffluents. Cette particularité s'observe lorsque la fibrine se coagule dans un sang désoxygéné ; après la mort dans une atmosphère artificielle d'oxygène et d'acide carbonique, les caillots paraissent plus compactes et plus résistants. La cause de ces différences sera l'objet d'un examen spécial dans notre dernier chapitre. Enfin, M. Preyer [2] a constaté dans les différentes formes de l'asphyxie le passage de l'hémoglobine dans la sérosité du sang, c'est-à-dire une altération des globules rouges, déterminée par l'action prolongée ou trop vive de l'acide carbonique sur le liquide sanguin. On retrouve la même altération, au bout de quelque temps, lorsque les coagulations se produisent dans les vaisseaux, après une ligature ou spontanément.

Les coagulations qui se forment dans les voies respiratoires, quand un animal succombe à une oblitération de la trachée, ne sont probablement pas la cause unique de la mort. L'accumulation de l'acide carbonique dans les bronches et dans le sang se complique, en

---

[1] Ludwig, *Sépart. Abdruck aus den Mediz.*, Jahrbüchern in Vien, 1865.

[2] Preyer, *J. de l'Institut*, Paris, 1863.

effet , d'une privation d'oxygène qui doit à elle seule entraîner des accidents rapidement funestes. Cependant, un lapin introduit dans une atmosphère d'hydrogène, gaz non toxique, résiste 20 ou 25 minutes, tandis qu'il meurt immédiatement lorsqu'il est placé dans l'acide carbonique pur. L'excès d'acide carbonique est donc plus nuisible que le manque d'oxygène.

Mais l'élimination de l'acide carbonique peut être simplement gênée, l'absorption de l'oxygène continuant à se faire au moins partiellement; dans ce cas les lésions dues au gaz acide paraissent prédominantes. On s'en rend compte en se reportant aux deux formes principales d'asphyxie distinguées par M. Tardieu : la première, causée par l'occlusion directe des voies aériennes (p. 263), est caractérisée anatomiquement par de petites taches ecchymotiques disséminées, « très-noires, tranchant sur la couleur pâle des poumons » ; la seconde à marche progressive, est produite par un séjour forcé dans un espace confiné (p. 287); après la mort, survenue en une heure et demie ou deux heures, « les poumons, marbrés de taches d'un rouge cerise, présentaient d'innombrables noyaux d'apoplexie, à la surface et dans l'épaisseur de leur tissu. »

La congestion pulmonaire, la rupture des vaisseaux et les infiltrations sanguines, conséquences d'une gêne mécanique de la circulation, sont beaucoup plus accusées dans cette seconde forme. Mais, quelle que soit la manière dont se produise l'asphyxie, on trouve les coagulations spontanées, dues à la rétention de l'acide carbonique dans le sang.

Les effets de cette rétention se produiront d'autant plus rapidement que le sang sera moins riche en globules, ou présentera une moins grande capacité pour l'acide carbonique. On observe en effet que le canard, qui peut rester plus d'un quart d'heure sous l'eau sans périr, possède un sang capable d'absorber, à égalité de volume, une quantité d'acide carbonique (ou d'oxygène) supérieure à celle qu'absorbe le sang du poulet, animal qui succombe très-vite à l'immersion. Le rapport est sensiblement comme 4 est à 3. Cette circonstance vient à l'appui du fait reconnu par M. Bert, d'après lequel les animaux qui résistent le mieux à l'asphyxie ont plus de sang que les autres, et elle n'est nullement incompatible avec l'existence d'un sang moins oxygéné pendant la vie[1]. En comparant le sang de deux animaux, l'un pris à la naissance, l'autre quelques jours après, on trouve encore que le premier est plus riche en hémoglobine, ce qui justifie la résistance des nouveaux-nés à la submersion.

Enfin, les poissons capables de vivre longtemps dans une eau désaérée ont des tissus qui consomment très-peu d'oxygène, suivant M. Bert. Cette condition implique une faible production d'acide carbonique, d'où la lenteur avec laquelle ils succombent. La nocuité d'une interruption de la respiration dépendrait donc de la rapidité

____

[1] Bert, *Rech. sur la resp.*, 1870, pp. 262 et 550.

plus ou moins grande avec laquelle le sang se sature
d'acide carbonique, soit que le pouvoir absorbant des
globules soit plus considérable, soit que l'acide gazeux
se forme plus lentement.

§ **Coagulation du sang par altération des globules rouges.**

Il existe un autre genre d'asphyxie, causée par la suppression de la respiration cutanée (Fourcault), et qui tend
aussi à produire des coagulations spontanées dans les
vaisseaux. Un animal que l'on recouvre d'un enduit im-
perméable, après l'avoir rasé, succombe plus ou moins
rapidement, et dans le tissu des muqueuses et des organes viscéraux on observe des coagulums avec stase
veineuse [1] ou gêne de la circulation artérielle [2] pro-
voqués par les oblitérations fibrineuses qui se développent dans les capillaires périphériques ou pulmonaires.

Il est probable que la résorption d'excreta différents de l'acide carbonique joue un rôle dans cette
série d'accidents. Lorsque la mort survient, la température rectale est tombée à 20 ou 22°; or le carbonate
d'ammoniaque, par exemple, l'un des produits de la secrétion cutanée [3], détermine un refroidissement général, lorsqu'il est injecté à doses répétées dans les
veines [4]. De plus, divers acides existent dans la sueur,
et introduits dans le sang ils peuvent amener des acci-

[1] Bouley, *Recueil de Méd. vét.*, 1850, pp. 5 et 805.
[2] Cl. Bernard, *Liq. de l'organ.*, t. I, p. 277.
[3] Anselmio, *J. du progrès*, 1827, t. II, p. 121.
[4] *Arch. gén. de méd.*, Billroth, 1865, p. 569; Gosselin, 1874, p. 549.

dents variés, une altération de l'hémoglobine surtout, dont les caractères optiques sont modifiés si rapidemen par les liqueurs acides.

La cause de la mort serait donc complexe. Mais après la suppression des fonctions de la peau, des coagulations se produisent dans les principaux viscères, et nous pensons que leur origine se rattache encore à une rétention d'acide carbonique par élimination insuffisante. Ce défaut d'élimination serait la conséquence naturelle d'une altération des globules sanguins, caractérisée par une diminution de leur pouvoir absorbant pour l'acide carbonique et pour l'oxygène.

Exp. 32. — *Altération des globules sanguins, caractérisée par une diminution de leur pouvoir absorbant, après la suppression des fonctions de la peau.*

SANG NORMAL D'UN 1ᵉʳ CHIEN.		SANG ALTÉRÉ DU MÊME.	
saturé d'air.	d'acide carb.	sat. d'air.	d'acide carb.
$O = 25^{cc},50$	$CO^2 = 218,50$	$O = 14,00$	$CO^2 = 157,70$

SANG NORMAL D'UN 2ᵉ CHIEN.		SANG ALTÉRÉ DU MÊME.	
saturé d'air.	d'acide carb.	sat. d'air.	d'acide carb.
$O = 19^{cc},25$	$CO^2 = 158^{cc},00$	$O = 8,50$	$CO^2 = 119,00$

Le sang d'un chien enduit de goudron depuis quatre jours, et dont la température était tombée à 24°, ne pouvait absorber que $14^{cc}00$ d'oxygène 0/0 et $157^{cc}70$ d'acide carbonique, au maximum ; tandis qu'avant l'expérience son sang dissolvait $25^{cc}50$ d'oxygène et $218^{cc}50$ d'acide carbonique 0/0. Un autre chien, le 5° jour, présentait une altération plus prononcée : ses globules absor-

baient 8^{cc}50 d'oxygène et 119^{cc} seulement d'acide carbonique 0/0.

L'affinité des globules sanguins pour les gaz diminue donc de la moitié ou des deux tiers après la suppression de la transpiration cutanée. Comme conséquence, l'acide carbonique qui résulte des combustions
organiques ne peut plus être repris en totalité par les
hématies, il passe dans le plasma et il détermine des
coagulations, bientôt suivies de stases et de suffusions
sanguines. Ces coagulums siégent principalement dans
le tissu pulmonaire, mais ils peuvent se développer également dans les veines et dans les capillaires périphériques, partout où il se forme un excès de gaz acide que
les globules altérés seront impuissants à reprendre et à
éliminer complétement.

Cet exemple montre quelle peut être l'influence de
variations dans ce que nous avons appelé la limite de saturation des globules par l'acide carbonique. Lorsque
celle-ci a diminué de moitié chez un animal, sain d'ailleurs, des coagulations spontanées peuvent apparaître
dans le système vasculaire. Quant à la nature de l'altération éprouvée par l'hémoglobine, on peut la rapprocher de celle que déterminent certains sels neutres mêlés
au sang (V. *exp.* 27).

Il est permis de supposer une modification analogue
du liquide sanguin, après la résorption des produits d'é-
limination des reins. La ressemblance des sécrétions
urinaire et cutanée, et l'abaissement de température qui

accompagne très-souvent l'urémie, justifient un tel rapprochement ; mais les analyses confirmatives n'ont pas été faites.

Enfin, le caractère chimique de la coagulation du sang est démontré par une dernière série d'expériences. On observe des coagulums disséminés dans l'organisme, après la mort consécutive à l'action de *l'électricité*. Sur des animaux tués par une décharge électrique, Scudamore [1] a toujours constaté la coagulation du sang. Celle-ci peut manquer en expérimentant sur des oiseaux, par exemple, lorsque le courant agit directement sur le crâne ; mais dans d'autres conditions, on trouve le liquide sanguin coagulé, en même temps que les muscles rigides, immédiatement après la cessation de la vie (Richardson).

Chez l'homme foudroyé, le sang des gros vaisseaux a été trouvé tantôt coagulé, tantôt fluide et même incoagulable [2]. Mais l'électricité peut provoquer la combinaison directe de l'acide carbonique et de la substance albuminoïde des globules ; un courant électrique passant dans du sang défibriné rend insoluble ou coagulé le stroma des globules rouges [3], ce qui doit empêcher l'action ultérieure de l'acide carbonique, lorsque le phénomène se produit avant la défibrination. La coagulation du sang, après la fulguration, pourrait encore passer inaperçue, les coagulums

---

[1] Scudamore, *An essay on the Blood*, 1834.
[2] Honoré, *Arch. gén. de méd.*, t. II, p. 624.
[3] V. Kölliker, *Histologie*, trad. M. Sée, 1868, p. 813.

ayant été arrêtés dans les capillaires généraux. Palmer[1], dans un cas de mort par la foudre, a noté que le système aortique était distendu par le sang ; cette distension tout à fait anormale ne s'explique que par des oblitérations périphériques, qui empêchaient les artères et le ventricule gauche de se vider dans le système veineux. Le nom même que portent les artères, de ἀήρ, air, et τηρεῖν, conserver, indique qu'elles sont exsangues sur le cadavre, à moins qu'un obstacle situé aux extrémités de la circulation n'y retienne le liquide sanguin.

Conclusions :

1° L'acide carbonique et la fibrine coexistent dans le sang des êtres vivants : celle-ci en dissolution dans le plasma ; celui-là en combinaison dans les globules sanguins.

2° L'affinité spéciale de l'hémoglobine et des globules pour l'acide carbonique s'oppose, pendant la vie, à son action coagulante ; en même temps que l'exhalation et la sécrétion continuelles de ce gaz empêchent son accumulation dans le sang.

3° Enfin, qu'il survienne une obstruction des voies respiratoires ou une altération fonctionnelle des globules rouges, de l'acide carbonique libre passera dans le plasma et coagulera la fibrine dans l'intérieur même des vaisseaux.

[1] V. Hunter, annoté par Palmer, trad. Rich, t. III, p. 264.

CHAPITRE III.

Différents mécanismes de la coagulation spontanée du sang.

Nous venons d'établir que l'acide carbonique est l'agent de la coagulation de la fibrine, et nous avons examiné ce qui s'oppose à son action pendant la vie. Mais pourquoi les globules sanguins perdent-ils leur affinité pour l'acide carbonique lorsque le sang arrive au contact de l'air ; et comment se produit-il des coagulums dans l'intérieur même des vaisseaux après une ligature, une inflammation ou une altération cachectique du sang?

1° La coagulation spontanée du sang, exposé à l'air, résulte du déplacement de l'acide carbonique par l'oxygène ambiant.

L'influence du contact de l'air sur la rapidité de la coagulation est un fait reconnu depuis longtemps[1]. Le sang qui s'épanche librement au dehors des vaisseaux se coagule plus vite que celui retenu entre deux ligatures (Hewson), ou placé dans un vase bien plein et fermé (Scudamore) ; sa coagulation est encore plus prompte lorsqu'il s'étale en nappe et qu'il coule modérément (Hunter).

L'action accélératrice des gaz de l'atmosphère trouve son explication dans les expériences qui précèdent. Les globules sanguins ont une égale affinité pour l'oxygène

[1] Hewson, *Philos. trans.*, 1770-1773, on the Blood, p. 29.

et pour l'acide carbonique, et les deux gaz se déplacent mutuellement quand le sang se trouve en présence d'un excès de l'un ou de l'autre. *Le mécanisme de la formation du caillot consisterait en un simple déplacement.* L'oxygène qu'absorbe le sang exposé à l'air mettrait en liberté l'acide carbonique combiné aux globules; cet acide libre, se répandant dans le plasma, y rencontrerait la fibrine en dissolution et la transformerait en fibrine insoluble. Le sang se coagulerait au moment précis où la quantité d'acide carbonique introduit dans le plasma sanguin deviendrait suffisante pour que le gaz n'y fût plus à l'état de bicarbonate. L'alcalinité du sang n'empêcherait pas ce résultat, parce qu'un liquide peut rester alcalin tout en renfermant de l'acide carbonique non combiné.

Il se pourrait cependant que le gaz nécessaire à la coagulation de la fibrine provînt d'oxydations et de dédoublements se produisant dans le liquide extrait des vaisseaux. Mais ces deux influences ne sauraient avoir un rôle marqué, car du sang frais, conservé à la température du corps, ne consomme en une heure que 3 ou 4 centimètres cubes d'oxygène 0/0 , et acquiert une proportion d'acide carbonique sensiblement équivalente (V. *exp.* 7). Les quelques minutes qui précèdent la formation du caillot impliquent donc un déplacement gazeux plutôt que des oxydations.

Le phénomène de la coagulation du sang à l'air serait comparable à celui qui se passe dans la respiration ; seulement le gaz qui est éliminé par l'endosmose pulmonaire dans l'acte respiratoire resterait dans le liquide sanguin, lorsqu'il est retiré des vaisseaux, et en déterminerait la coagulation. La solidification de la fibrine résulterait d'une hématose incomplète, de sorte que l'on peut s'appuyer sur les recherches dont la respiration a été l'objet pour expliquer la coagulation spontanée du sang mis au contact de l'air. Nous allons discuter ce mécanisme et poursuivre cette analogie.

Les preuves du *déplacement* rapide de l'acide carbonique par l'oxygène sont multiples. La principale repose sur l'analyse des gaz du sang avant et après l'action d'un courant d'air sur le liquide sanguin défibriné. M. Holmgren[1] a rapporté des expériences de ce genre, et en voici une nouvelle série qui met en relief non-seulement l'influence de l'oxygène sur le sang veineux, mais celle de l'acide carbonique sur le sang oxygéné.

Exp. 33. — *Déplacement de l'acide carbonique du sang par l'oxygène de l'air et réciproquement.*

100^{cc} de sang défibriné ont donné :

	SANG TRAITÉ			SANG TRAITÉ (1er jour)		
	par l'air.	par CO_2.	par l'air.	par l'air.	par CO_2.	par CO_2.
O =	16^{cc},17	0,50	16,00	28,00	12,40	6,60
CO_2 =	43^{cc},00	218,50	16,50	31,50	225,00	256,67

	SANG A 40°, TRAITÉ		MÊME SANG A 15°, TRAITÉ		SANG TRAITÉ (3e jour)	
	par CO_2.	par l'air.	par CO_2.	par l'air.	par l'air.	par CO_2.
O =	0^{cc},00	22,30	traces.	24,20	26,90	4,00
CO_2 =	166^{cc},86	22,00	227,72	16,15	18,00	216,00

[1] Holmgren, *Sitzungsber der Akad. des Wissench.*, zu Vien, 1862.

Dans un milieu oxygéné, le sang dégage de l'acide carbonique et absorbe de l'oxygène, tandis que dans une atmosphère d'acide carbonique il perd son oxygène et se charge de gaz acide. Comme conséquence, les deux gaz qui peuvent se remplacer mutuellement dans le sang seraient combinés à la même substance, à l'hémoglobine des globules rouges, ainsi qu'il a été dit. L'acide carbonique, en effet, peut chasser la totalité de l'oxygène fixé à la matière colorante du sang et, si l'oxygène ne parvient pas à déplacer tout le gaz acide contenu dans le liquide, c'est qu'une partie est retenue par les sels alcalins du plasma et des globules.

Le temps nécessaire pour que l'oxygène de l'air déplace l'acide carbonique du sang est très-court, si le contact de l'atmosphère et du liquide sanguin a lieu par une large surface. Du sang répandu en nappe mince perd en quelques secondes le quart ou le tiers de son acide carbonique et se sature d'oxygène. Cette particularité explique probablement comment à la suite de piqûres ou de coupures superficielles la gouttelette de sang qui suinte des capillaires reste longtemps fluide et incoagulée. En couches épaisses et avec une surface d'échange limitée, le départ de l'acide carbonique est moins prompt; généralement l'analyse des gaz indique encore une perte en acide carbonique, mais il peut arriver que celle-ci ne se produise pas. L'acide gazeux, bien que déplacé par l'oxygène ambiant, reste dans la liqueur; car du sang défibriné par battage en retient une proportion notable et le sérum en renferme plus qu'un plasma séparé et recueilli rapidement.

On peut constater le déplacement de l'acide carbonique par l'oxygène, dans des conditions un peu différentes. L'expérience de Prietsley est restée classique : elle consiste à remplir de sang veineux une vessie de baudruche que l'on place sous une cloche pleine d'oxygène ou d'air ; au travers de la membrane animale humide, on voit le sang s'artérialiser. M. H. Rogers[1] a analysé les gaz de la cloche après l'endosmose, et il a constaté que l'oxygène disparu était remplacé par une quantité à peu près équivalente d'acide carbonique. Lorsque le sang est fortement chargé d'acide, on trouve la quantité de gaz éliminé supérieure à la quantité d'oxygène absorbé ; dans une analyse, l'élimination a été de $5^{cc},18$ et l'absorption de 0,69 seulement.

Cette expérience reproduit exactement ce qui se passe dans la respiration ; l'endosmose qui s'effectue au travers de la membrane animale rejetterait au dehors l'acide carbonique contenu dans la couche superficielle du sang qui s'est artérialisé. Le fait, observé par Hunter, d'un épanchement sanguin de la tunique vaginale, resté fluide après deux mois de séjour, trouverait là son explication. L'élimination de l'acide carbonique du sang, qui peut se faire au travers d'une vessie, doit s'effectuer également bien au travers de la peau fine des bourses, étalée et saine (V. *exp.* 29).

[1] H. Rogers, *American J. of med. sc.*, VIII, p. 27.

Ces expériences paraissent probantes, cependant les conclusions que l'on peut en tirer ont été mises en doute. D'après M. Ludwig[1], du sang placé dans une atmosphère d'oxygène ne dégage pas plus d'acide carbonique que le même sang introduit dans le vide. L'action de l'oxygène atmosphérique n'aurait donc rien de spécial.

Exp. 34. — *De Ludwig, sur l'influence comparée du vide et de l'oxygène.*

177cc,12 de sang ont dégagé en un temps égal :

SANG VEINEUX NORMAL.		SANG DU CŒUR.		SANG D'ASPHYXIÉ.	
dans le vide.	dans l'oxygène.	dans le vide.	dans l'oxygène.	dans le vide.	dans l'oxygène.
$CO^2 = $ 9cc,26	9,09	8,89	9,35	19,09	17,76

D'après ces chiffres, la quantité d'acide carbonique déplacé serait à peu près égale dans l'une ou l'autre expérience; le vide, aidé par la chaleur, aurait une influence analogue à celle de l'oxygène; mais on ne saurait contester celle-ci.

Le sang des artères d'un animal renferme bien une certaine proportion d'acide carbonique, 45cc 0/0 en moyenne chez le chien. Mais ce déplacement incomplet s'explique par la manière dont se fait le renouvellement de l'air dans les poumons[2]. Le mélange gazeux, retenu dans les bronches après l'expiration, renferme toujours de l'acide carbonique en quantité d'autant plus considérable qu'on le prend plus voisin des vésicules pulmo-

[1] Ludwig, *loc. cit.*, p. 8.
[2] Gréhant, *J. de l'anat. et de la phys.*, 1864, t. I, p. 523.

naires ; car sa diffusion dans l'atmosphère exige un certain temps. Le phénomène d'endosmose qui détermine l'élimination de l'acide carbonique du sang a donc lieu en présence d'un air plus ou moins chargé de gaz acide, d'où une élimination incomplète et variable suivant la composition de l'air inspiré, le coefficient de ventilation pulmonaire et la vitesse de la circulation du sang[1].

La substitution de l'oxygène à l'acide carbonique ou inversement se comprend sans peine lorsqu'on suppose que les deux gaz sont combinés à une même substance, qui serait l'hémoglobine des globules rouges (V. *exp.* 17 à 28). Mais si l'on n'admet pas cette combinaison, l'interprétation du fait matériel de l'échange gazeux devient fort difficile. Ainsi, M. Preyer[2], après avoir établi que l'acide carbonique contenu dans le sang normal y existe, non pas en liberté, mais à l'état de combinaison assez intime, arrive à cette conclusion que les globules sanguins, plus ou moins oxygénés, jouent le rôle d'acide et, par suite, qu'ils déplacent l'acide carbonique formant des carbonates alcalins dans le plasma. Pour étayer cette théorie, il invoque deux expériences : la première démontre qu'une bonne partie de l'acide carbonique contenu dans le sérum se trouve combinée, et probablement à du phosphate de soude, de manière à constituer un sel double.

[1] *Arch. de Phys.*, 1872, t. IV, pp. 316 et 466.
[2] Preyer, *Centralblatt die. med. Wissensch*, 1866, p. 273.

EXP. 35. — *Quantité d'acide carbonique dégagé par 100^{cc} de sérum.*

CO^2 dégagé dans le vide	EXP. DE PREYER.				SCHŒFFER.	
à une température de 45° =	10^{cc},55	6,52	16,55	7,67	13,42	21,13
Par l'acide tartrique =	20^{cc},63	20,34	27,62	27,30	31,25	21,91

La seconde expérience prouve que les globules sanguins défont cette combinaison, c'est-à-dire qu'en mêlant du sérum et des globules rouges, il reste dans la liqueur 2 ou 3^{cc} d'acide carbonique 0/0, et non 20 ou 30^{cc}, comme l'indiquent les chiffres du tableau ci-dessus. Les globules agiraient donc comme un acide fixe, et le mécanisme de la respiration, ou de l'échange pulmonaire, consisterait précisément dans un déplacement provoqué par une action chimique, conformément aux lois de Berthollet.

Mais on remarque que ce ne sont pas seulement les globules oxygénés qui décomposent le phospho-carbonate de soude; le sang le moins artérialisé, le sang des asphyxiés, ne retient que 2 ou 3^{cc} d'acide carbonique 0/0 après avoir été traité par le vide et la chaleur, et 0^{cc},80 ou 0^{cc},06, suivant M. Holmgren (V. *exp.* 34). Par conséquent, les globules sanguins, qu'ils soient chargés d'oxygène ou non, empêchent la production du phospho-carbonate, qui dès lors ne peut pas exister dans le sang normal. L'expérience de M. Preyer paraît démontrer simplement la grande affinité des globules pour l'acide carbonique; les hématies, surajoutées au sérum, décomposeraient le sel complexe qui s'y trouve, mieux que le vide seul ou aidé d'une température de 45°.

Ensuite, la réaction acide de l'hémoglobine, signalée par M. Preyer, ne s'observe que sur des cristaux de substance déjà altérée, d'après des recherches plus récentes[1]. D'autre part, de l'hémoglobine fraîche ou des globules rouges introduits en quantité suffisante dans une solution de bicarbonate de soude peuvent réduire le sel alcalin à l'état de protocarbonate, mais cette addition ne donne pas lieu à un dégagement d'acide carbonique, à une effervescence. Les quelques bulles de gaz qui apparaissent, recueillies dans une éprouvette, ne sont pas absorbées par la potasse; elles consistent probablement en gaz oxygène, déplacé par l'acide carbonique que la matière colorante enlève au bicarbonate alcalin.

Les globules ou l'hémoglobine oxygénés ne jouent donc pas le rôle d'acide dans les déplacements qui constituent l'échange respiratoire. D'ailleurs, si une action chimique produisait le dégagement de l'acide carbonique, il resterait à expliquer l'échange qui a lieu dans les capillaires généraux, et que l'on peut comparer à celui qui se passe dans les voies respiratoires, bien que les termes en soient renversés (*V.* page 217).

§ **Influence de la vitesse de la circulation sur la fluidité du sang.**

Les deux gaz, fixés par la matière colorante des globules rouges, se substitueraient l'un à l'autre par une simple action de présence, un milieu oxygéné déplaçant l'acide

[1] Zuntz, *Physiol. des Blutes*, Inaug. Dissert. Bonn, 1868, p. 19.

carbonique du sang, comme le milieu d'acide carbonique
constitué par les tissus en déplace l'oxygène. Cette *substitution*, dont on a d'autres exemples dans les déplacements que produit l'oxyde de carbone ou le protoxyde
d'azote, permet d'interpréter tous les phénomènes de la
respiration chez les animaux, soit l'échange qui s'effectue dans les poumons ou hématose artérielle, soit celui
qui se passe dans la profondeur des tissus ou hématose
veineuse (V. *exp*. 38, 43 et 52). Elle permet de saisir
comment l'acide carbonique, mis en liberté par l'oxygène de l'air, peut exercer son action coagulante sur le
sang d'une saignée, alors qu'il demeure inactif dans l'intérieur des vaisseaux. Le gaz acide, éliminé par les
bronches dans l'acte respiratoire, resterait dans le liquide
sanguin lorsqu'il se coagule hors des vaisseaux.

L'existence d'une *membrane endosmotique*, déterminant l'élimination du gaz libéré, constituerait la distinction à faire entre le mécanisme de l'hématose pulmonaire
et celui de la coagulation spontanée du sang exposé à
l'air. On en acquiert la certitude en tamisant le sang
d'une artère entre deux membranes animales; l'échange
gazeux, ou l'artérialisation, commencé dans les poumons,
se complète dans le canal surajouté; presque tout l'acide
carbonique, combiné aux globules rouges, s'échappe au
travers de la membrane endosmotique, et le liquide que
l'on recueille a perdu la propriété de se coaguler immédiatement au contact de l'air. L'expérience a déjà été
indiquée et nous la rappelons, car elle tend à établir que

la *vitesse* du cours du sang est une troisième circonstance qui assure la fluidité du liquide sanguin pendant la vie.

Cette opinion est très-ancienne : Lower[1] et Sénac[2], peu de temps après la découverte de Harvey, admettaient que la fluidité du sang est entretenue par le mouvement rapide dont il est animé; la condition essentielle de la coagulation spontanée consistait dans le repos ou la cessation du mouvement circulatoire. De nombreuses expériences, et surtout la défibrination du sang par le battage[3], ont prouvé le contraire; cependant la rapidité de la circulation dans les vaisseaux a une importance réelle, car si le départ de l'acide carbonique par simple exosmose rend le sang moins coagulable, l'introduction de l'acide carbonique dans le liquide qui revient de la périphérie du corps rend la coagulation très-prochaine, à moins qu'une nouvelle et prompte élimination du gaz acide ne devienne possible.

Ainsi, lorsqu'on adapte à une section d'artère, sur un animal vivant, un cylindre de baudruche humide, étalé en double membrane au moyen d'un fil de laiton, ou plus simplement un intestin de poulet, le sang qui sort du vaisseau et qui s'engage entre les deux lames endosmotiques perd son acide carbonique, en s'oxygénant, et

[1] Lower, *Tractatus de corde*, Londres, 1669, p. 73.
[2] Sénac, *Traité de la structure du cœur*, 1777, t. II, p. 134.
[3] Ruysch, *Thesaurus anat. septim.*, 1710, vol. XXXIX, p. 19, et tab. III.

reste incoagulé. On peut le conserver fluide dans le tube intestinal, en lui imprimant un mouvement d'oscillation. Mais si l'on interrompt l'agitation qui permet aux globules des couches profondes de se débarrasser de l'acide gazeux, qui se reforme ou se déplace peu à peu, la coagulation se produit après un temps variable, suivant la température du sang et l'espèce animale d'où il provient.

D'un autre côté, lorsque ce sang fluide et suroxygéné, toujours maintenu dans la membrane endosmotique, est placé dans une atmosphère d'acide carbonique, un échange s'effectue en sens contraire du premier ; le liquide sanguin se charge d'acide carbonique, et une coagulation en est la conséquence, lorsque l'expérience se prolonge trop longtemps. Il est donc utile que le sang expulse assez vite l'acide carbonique qui le souille, sinon l'affinité des globules pour le gaz acide sera bientôt impuissante à entretenir sa fluidité.

On peut reproduire expérimentalement la transformation du sang artériel en sang veineux, et réciproquement, sans observer la coagulation spontanée, mais à condition de communiquer au sang que l'on emploie un mouvement rapide. On dispose sur le milieu du tube endosmotique qui a servi dans l'expérience précédente une petite pompe à la fois aspirante et foulante ; lorsque les deux portions d'intestin qui reçoivent le sang du vaisseau et de la pompe sont remplies, on les ajuste à un troisième tube membraneux, disposé à l'avance dans une atmosphère d'acide carbonique, et on entretient la circulation. Le sang, pris au vaisseau d'un chien, peut traverser presque indéfiniment l'appareil sans se coaguler, grâce à l'élimination de l'acide carbonique qui a lieu aux deux points du circuit exposés à l'air. On peut limiter la partie permettant l'artérialisation, ou allonger celle qui donne de la veinosité au sang, sans craindre d'interruption mécanique, tant que la circulation est suffisamment accélérée; mais si on la ralentit, des coagulations ne tardent pas à se développer, et la pompe aspire et refoule des caillots sanguins, en suspension dans un liquide visqueux.

La vitesse du cours du sang a donc une utilité immédiate et qui est d'autant plus indispensable, pendant la vie, que les oxydations d'où provient l'acide carbonique sont plus actives et que le sang lui-même est plus coagulable. Le cheval, par exemple, est un des animaux dont le sang se coagule le moins vite, et sa circulation est assez lente pour qu'on ait pu calculer sa vitesse avec quelque certitude; suivant Hering[1] et Poiseuille[2], elle serait complète en 30 secondes. Chez le chien, au contraire, le sang est très-coagulable et le temps employé à un circuit complet varierait entre 7 et 8 secondes[3]. Les données à cet égard ne sont pas nombreuses, mais la relation entre la fluidité du sang et la vitesse dont

---

[1] Hering, *Zeitschrift für Physiol.*, 1832, t. III, p. 58.
[2] Poiseuille, *Ann. de Phys. et de Ch.*, 3e série, 1847, t. XXI, p. 76.
[3] Blake, *Edinburg med. an Surg. Journ.*, 1841, t. LVI, p. 412.

il est animé paraît si étroite, qu'en classant les animaux
d'après le temps nécessaire à la coagulation, on les ran-
gerait, suivant toute apparence, d'après la rapidité de la
circulation dans les vaisseaux.

§ Objections à l'influence du milieu ambiant sur le phénomène de la coagulation.

L'oxygène atmosphérique, en libérant l'acide carbonique des globules sanguins, sans qu'une membrane endosmotique permette son expulsion au dehors, serait la
cause indirecte de la coagulation spontanée et rapide du
sang à l'air. Mais on a contesté l'influence du milieu ambiant sur la promptitude de la coagulation. Hunter[1], qui
l'avait admise à une époque, l'a niée plus tard, parce que
le vide n'empêche pas la formation des caillots, et J. Davy[2]
s'est appuyé sur la possibilité de la coagulation sous une
couche d'huile pour rejeter l'opinion généralement
adoptée.

Il est incontestable que du sang introduit dans le *vide*
s'y coagule, mais sa coagulation est très-lente, si l'on évite
de chauffer ou de diluer le liquide; l'influence accélératrice de l'air n'est donc pas infirmée. Scudamore[3] est le
seul auteur qui ait soutenu que l'aspiration pneumatique
hâte l'apparition du phénomène. Mais le sang sur lequel
il expérimentait était placé sous le récipient de la ma-

---

[1] Hunter, *Œuv. comp.*, trad. Jourd., t. III, p. 39.
[2] J. Davy, *Researches Phys. and Anat.*, t. II, p. 30.
[3] Scudamore, *Essay on the Blood*, 1824, p. 103.

chine pneumatique ordinaire, dans lequel le vide était
fait ultérieurement. Le liquide avait donc subi le contact
de l'air, et l'on comprend qu'un résultat différent soit obtenu avec la machine à mercure qui permet de conduire
le sang du vaisseau à la chambre barométrique, sans que
les gaz de l'atmosphère puissent intervenir un seul ins-
tant. De plus, Scudamore se met en contradiction avec
lui-même, puisqu'il dit ailleurs que du sang placé dans
un vase bien plein et fermé se coagule plus lentement
que celui exposé à l'air.

Quant à la coagulation produite sous une couche
d'huile, elle est très-réelle ; mais J. Davy reconnaît qu'elle
est moins rapide, et nous croyons pouvoir affirmer
qu'elle est due encore au déplacement de l'acide carbonique du sang par l'oxygène de l'air, parce qu'une
nappe d'huile de 1 centimètre d'épaisseur se laisse facilement traverser par l'oxygène ambiant. De l'eau, maintenue à l'ébullition et recouverte d'huile, renferme de
l'oxygène après son refroidissement, malgré la couche
soi-disant isolante qui la sépare de l'atmosphère. Un liquide albumineux, conservé sous l'huile, se sature peu
à peu d'acide carbonique, comme si rien ne mettait obstacle aux oxydations qui donnent naissance à ce gaz.

Exp. 36. — *Accumulation de l'acide carbonique dans les liquides oxydables conservés sous l'huile.*

100^{cc} de différents liquides ont donné :

PLASMA ROUGE.		SÉRUM (TEMP. 22°).		SÉRUM (TEMP. 10°).		EAU BOUILLIE.	
1er jour.	2e jour.	1er jour.	2e jour.	1er jour.	5e jour.	ap.1^h.	en 12^h
O $=$ 2^{cc},15	6,31	»	»	»	»	O $=$ 0,22	0,90
CO^2 $=$ 11^{cc},02	20,97	22,25	51,50	34,00	49,50	Az $=$ 0,48	1,55

Ces expériences démontrent qu'une couche d'huile ne s'oppose pas au passage de l'oxygène atmosphérique et n'empêche pas des oxydations de se produire dans le liquide sous-jacent. Cependant il est dit partout que c'est un moyen de protection efficace ; comme preuve à l'appui, on cite les poissons, qui meurent après un temps assez court lorsqu'on recouvre d'huile l'eau dans laquelle ils vivent. Mais il suffit de remarquer que la nappe isolante, si elle se laisse traverser par l'oxygène, empêche ou gêne le départ de l'acide carbonique, et ce gaz, accumulé dans l'eau, devient une cause d'asphyxie pour les poissons qu'elle renferme. Ce procédé, employé pour conserver certains liquides, les mettrait simplement à l'abri des germes atmosphériques.

Le mécanisme de la coagulation du sang serait donc à peu près le même à l'air libre ou sous une couche d'huile ; celle-ci, perméable à l'oxygène, ne ferait que ralentir l'apparition du phénomène. A l'air, la formation du caillot n'exige que quelques minutes, le temps nécessaire pour que l'oxygène ambiant mette en liberté l'acide carbonique combiné aux globules sanguins. Sous l'huile, au contraire, elle demande quinze ou vingt minutes, sui-

vant la nature du sang sur lequel on expérimente, et
aussi suivant le degré de la température ; car l'oxygène
du sang se transforme graduellement en acide carbonique (V. *exp.* 7), et cette transformation introduit
une nouvelle quantité de gaz acide dans le liquide et le
rend plus coagulable.

2° Mécanisme de la coagulation du sang provoquée par une ligature.

Le sang porte en lui-même les éléments de sa coagulation ; il renferme de l'acide carbonique, qu'il doit éliminer constamment pour conserver son intégrité, et de
l'oxygène, qu'il cède aux tissus. Dès qu'une stase survient,
après une ligature, par exemple, les conditions changent ;
l'oxygène fixé aux globules se convertit sur place en
acide carbonique, et celui-ci coagule la fibrine et désagrége bientôt les globules eux-mêmes.

Nous démontrerons d'abord que le sang qui se coagule
à l'abri de l'air se coagule toujours très-lentement ; ensuite, que l'accumulation de l'acide carbonique dans un
sang stationnaire n'est pas une simple hypothèse ; enfin,
que les transformations qui s'opèrent dans le caillot peuvent être rapportées en grande partie au gaz acide.

Le *retard* qu'éprouve la coagulation du sang, lorsqu'elle se produit sans l'intervention des gaz de l'atmosphère, est un fait établi par des expériences nombreuses
et variées ; chemin faisant, nous en avons rapporté

plusieurs. Cependant, les divers moyens dont nous disposons pour éviter le contact du milieu ambiant sont plus ou moins parfaits; aussi l'expérience la plus concluante est celle qui consiste à suspendre le cours du sang dans un vaisseau, à l'aide de deux ligatures. La coagulation produite dans l'espace intermédiaire est non-seulement tardive, mais graduelle. Chez le chien, dont le sang se coagule très-vite hors des vaisseaux, il peut arriver qu'une artère ne soit pas oblitérée après six heures de suspension de la circulation. Thackrah, expérimentant sur la veine jugulaire, a trouvé son contenu fluide après 45 et 60 minutes. A. Cooper dit qu'en trois heures du sang artériel, compris entre deux ligatures, n'est pas encore coagulé. Hewson l'a vu aux deux tiers fluide après trois heures et quart, et, lorsqu'il avait insufflé de l'air dans le vaisseau, la coagulation était complète en quinze minutes [1].

Le temps qu'exige la coagulation du liquide sanguin, retenu entre deux ligatures, est d'autant plus long que l'on s'adresse à un vaisseau plus profond, et qu'on le laisse moins longtemps à découvert; ces différences doivent être attribuées à l'oxygène qu'absorbent tous les tissus exposés à l'air. Mais, l'oblitération d'une artère bien constatée et les ligatures enlevées, on peut la retrouver perméable dès le lendemain, si l'on n'en a pas fait la section. Le caillot nouvellement formé manque de con-

____

[1] V. Hunter, *loc. cit.*, t. III, pp. 43 et 44.

sistance ; il est susceptible de se redissoudre, et ce caractère presque constant de la fibrine veineuse se reproduit sur la fibrine artérielle, lorsque le sang se coagule sans que les gaz ambiants puissent intervenir. Il faut assez longtemps pour que le coagulum, formé derrière une ligature bien protégée, acquière la solidité d'un véritable bouchon fibrineux, élastique et rétractile.

M. Paget[1], qui a fait des recherches suivies sur la coagulation du sang dans les vaisseaux, après la mort, est arrivé à des résultats identiques. La coagulation dans les veines caves d'un animal sain ne commence que quatre heures après les derniers battements du cœur, et l'on peut trouver le sang encore à demi fluide sept ou huit heures après l'arrêt de la circulation, ce qui ne l'empêche pas de se coaguler en quelques minutes lorsqu'il est exposé à l'air, et de donner un coagulum assez consistant. Ainsi, du sang stationnaire dans un vaisseau se coagule beaucoup plus lentement que le même sang exposé au dehors, et sa coagulation est progressive comme si les conditions qu'elle réclame avaient besoin de se développer.

Ce ralentissement doit se rattacher à l'affinité des globules sanguins pour les gaz et à la lenteur des oxydations qui donnent naissance à l'acide carbonique indispensable à la coagulation de la fibrine. En effet, après une stase sanguine, les hématies intactes retiennent l'acide

---

[1] Paget, *London med. Gaz.*, 1841, t. I, p. 618.

carbonique qui existe normalement dans le sang ; or ce gaz ne transforme la matière coagulable que s'il se trouve à l'état libre dans le plasma. Il est donc nécessaire, pour qu'un caillot apparaisse, que de nouvelles quantités d'acide carbonique se produisent, de manière à satisfaire d'abord l'affinité des gobules, ensuite celle de la fibrine. En étudiant la formation des coagulums dans l'asphyxie, nous avons déjà remarqué que la coagulation commence au moment où les globules sanguins, saturés de gaz acide, se trouvent impuissants à en retenir une plus grande proportion. Ce moment arrive lorsque le sang contient au delà des deux tiers de son volume d'acide carbonique, soit 70^{cc} 0/0 environ. Il nous reste à rechercher l'origine du gaz qui détermine la sursaturation d'un sang compris entre deux ligatures, et en définitive sa coagulation.

On doit considérer les *oxydations* dont le sang demeure le siége, après avoir été soustrait à la circulation, comme une première source d'acide carbonique. Du sang, qu'il soit artériel ou veineux, contient toujours un certain volume d'oxygène ; pendant la période de temps que demande sa coagulation à l'abri de l'air, cet oxygène se transforme peu à peu en acide carbonique ; la quantité formée s'ajoute naturellement à celle contenue déjà dans le liquide, et le total atteint un chiffre assez élevé lorsque la conversion est complète. En analysant d'heure en heure les gaz d'un sang oxygéné, conservé en vase clos, on suit l'accroissement opéré aux dépens de l'oxygène renfermé primitivement dans le liquide. L'expérience 7 repose sur cette donnée, et voici les résultats d'autres analyses reproduites dans les *Archives de physiologie*[1].

Exp. 37. — *Quantité d'oxygène perdu et d'acide carbonique acquis par 100ᶜᶜ de sang, conservé à 38°, à l'abri de l'air.*

	oxygène.		ac. carb.
Après 1 heure de conservation	3ᶜᶜ,60 sont remplacés par		3ᶜᶜ,60
— 5 —	18ᶜᶜ,00	—	18ᶜᶜ,00
— 7 —	25ᶜᶜ,20	—	25ᶜᶜ,20

L'analyse des gaz du sang, conservé à l'abri de l'air, prouve que son oxygène se transforme en acide carbonique. A la température du corps, cette transformation marche assez vite; en sept heures, un sang contenant 25ᶜᶜ d'oxygène 0/0 l'a complétement perdu et a acquis une proportion équivalente d'acide carbonique. Nous ne parlons que pour mémoire de l'acide carbonique qui peut provenir de dédoublements se passant dans le sang. Lorsqu'il s'agit d'un liquide très-récent, cette cause d'accroissement intervient à peine (V. *exp.* 7 et 53).

Ainsi, l'oxygène que renferme le sang dont on suspend le cours entre deux liens se convertit sur place en acide carbonique, comme l'indique sa couleur de plus en plus foncée, et cette nouvelle quantité vient renforcer celle qui y existe déjà. Le sang artériel d'un chien adulte contient en moyenne 45ᶜᶜ d'acide carbonique et 25ᶜᶜ d'oxygène 0/0, le sang veineux 55 de l'un et 15 de l'autre; le total fait 70ᶜᶜ de gaz, qu'il s'agisse du liquide artériel

---

[1] *Des gaz du sang, Arch. de physiol.*, t. IV, p. 197.

ou veineux. Par conséquent, après 7 heures, un sang stationnaire renferme à peu près 70ᶜᶜ d'acide carbonique 0/0, et nous avons vu que ce volume représente sensiblement la limite de saturation des globules sanguins par le gaz acide. Cette limite dépassée, du gaz libre apparaît dans le plasma et la coagulation de la fibrine commence.

Huit heures d'attente seraient nécessaires, d'après M. Paget, pour que le sang des gros vaisseaux soit complétement coagulé après la mort. Mais, en général, le sang retenu par une double ligature n'exige pas un temps aussi long; il devient visqueux deux ou trois heures après l'arrêt de la circulation, et la coagulation est complète en quatre heures environ. Par suite, le gaz qui détermine la transformation de la fibrine fluide en fibrine coagulée, chez un animal vivant dont une artère a été liée, ne provient pas seulement des oxydations intimes dont le sang est le siége; il doit provenir encore des oxydations de voisinage, qui se poursuivent normalement dans les tissus en contact avec le vaisseau oblitéré.

§ **Accumulation de l'acide carbonique dans le sang par arrêt ou ralentissement de la coagulation : mode de formation des caillots actifs dans les anévrysmes.**

Les globules sanguins manifestent une grande affinité pour l'acide carbonique; aussi l'on peut considérer les canaux qui leur livrent passage comme un moyen de drainage du gaz acide qui se forme incessamment dans l'économie. Cette conception est justifiée par la transformation du sang artériel en sang veineux; mais on peut l'étendre à la circulation tout entière, car le drainage de l'acide carbonique se produit non-seulement à l'aide des capillaires généraux, mais par l'intermédiaire des artères et des veines volumineuses. L'analyse des gaz indique, en effet, une très-forte proportion d'acide carbonique, lorsqu'une ligature a interrompu la circulation peu de temps avant la prise de sang; le chiffre peut s'élever jusqu'à 67^{cc} d'acide carbonique 0/0. Cette accumulation se manifeste encore si on dose les gaz avant et après l'interruption du cours du sang dans une artère.

Exp. 38. — *Augmentation de la quantité d'acide carbonique déversé dans le sang d'une artère ou d'une veine, lorsque la circulation est arrêtée ou ralentie.*

	SANG VEINEUX.		SANG DE DEUX ART. LIÉES.		SANG ARTÉRIEL.	
	1re analyse Jugul. ext.	2e analyse. stase de 1 h.	1h avant. crurale.	2h avant. carotide.	1re analyse carotide.	2e analyse. stase de 1 h.
O =	7,19	7,14	20^{cc},75	19,25	26,00	25,00
CO^2 =	48,84	59,76	67^{cc},25	67,75	46,50	54,50

	SANG ARTÉRIEL.		SANG DE L'ART. LINGUALE.	
	1re analyse. art. crurale.	2e analyse. stase de 1 h.	avant l'oblit. de la carotide.	après l'oblit. de la carotide.
O =	16^{cc},25	15,00	19,00	18,75
CO^2 =	48^{cc},50	53,25	44,00	60,75

Lorsque l'on pratique à une heure de distance deux saignées à un chien en prenant le sang au même vaisseau, la proportion d'acide carbonique augmente de 8 à 10^{cc} 0/0 dans le sang de la seconde analyse arrêté par une ligature. Cependant la répétition des saignées tend à diminuer la quantité de ce gaz contenu dans le liquide; on le constate si on recommence l'analyse, ou bien si on s'adresse à deux artères différentes et de calibre à peu près égal pour en retirer le sang, en évitant un arrêt préalable de la circulation (V. *exp*. 18).

D'un autre côté, l'accroissement qui a lieu pendant la stase ne provient pas d'oxydations passives dont le sang aurait été l'objet. Celles-ci seraient de 1^{cc} à $1^{cc},25$ au maximum, d'après la comparaison des chiffres d'oxygène des doubles analyses. Il faut donc rapporter l'augmentation de l'acide carbonique dans le sang d'une artère à quelque autre circonstance ; la plus plausible conduit à admettre que le gaz acide a été déversé dans le liquide sanguin au travers des parois artérielles, comme il est déversé au travers des capillaires et des parois veineuses.

Cette hypothèse est confirmée par la dernière expérience du tableau, expérience d'après laquelle la proportion d'acide carbonique augmente considérablement, si on force du sang artériel à suivre un trajet beaucoup plus long que son trajet normal. Ainsi, en prenant du sang à l'artère linguale, avant et après l'oblitération de la carotide correspondante, on trouve que la quantité d'acide carbonique s'accroît d'un tiers environ dans le sang de la seconde analyse ; son volume, représenté par 44^{cc} 0/0 la première fois, est devenu $60^{cc},75$ 0/0 la deuxième. Comme le sang de cette seconde analyse provenait par anastomoses de la linguale du côté opposé, c'est la longueur du trajet artériel parcouru qui a contribué à accroitre la proportion de gaz acide renfermé dans le liquide.

Dans cette expérience, pas plus que dans les précédentes, on ne saurait invoquer une oxydation directe du sang pour expliquer l'augmentation de l'acide carbonique, puisque les chiffres d'oxygène des deux analyses sont sensiblement égaux. On ne saurait davantage admettre que l'acide provient de dédoublements se passant dans le plasma, puisqu'on observe une relation assez régulière entre les quantités d'oxygène disparu et d'acide carbonique produit, lorsqu'on analyse les gaz d'un sang oxygéné, conservé à l'abri de l'air (V. *exp.* 7). On est donc amené à conclure que l'acide carbonique, introduit dans la circulation pendant une stase sanguine, a passé au travers des parois artérielles. La pratique journalière confirme cette remarque, le sang des grosses artères devient noir dès qu'on les comprime à la racine du membre, et, dans les hémorrhagies récurrentes artérielles, le liquide qui s'écoule est généralement très-foncé[1].

Là où la circulation est ralentie, une certaine quantité d'acide carbonique est déversée dans le liquide sanguin ; là où elle est suspendue, le déversement ne s'interrompt pas, l'endosmose continuant à s'exercer au travers de la paroi vasculaire. Après une ligature, le gaz acide doit donc s'accumuler assez vite, en proportion suffisante pour saturer les hématies et pour exercer son action coagulante sur la fibrine.

On peut appliquer cette donnée au mécanisme de la coagulation dans les *anévrysmes*, par simple ralentisse-

[1] Hunter, *loc. cit.*, t. III, p. 109.

ment de la circulation. La compression exercée à distance
de la poche anévrysmale, en même temps qu'elle ralentit
le cours du sang, augmente la quantité d'acide carbonique qui s'y déverse et le rend plus coagulable. Dans la
portion excentrique de la poche, où le ralentissement est
extrême, l'augmentation doit atteindre son maximum, et,
partant, la coagulation commencer par la périphérie. Il
serait possible, croyons-nous, de faciliter la formation des
caillots en interrompant la circulation et en injectant dans
la tumeur de l'acide carbonique ou bien de l'ozone préparé
par le bioxyde de baryum et l'acide sulfurique, l'ozone
dans ce cas étant toujours mélangé de gaz acide. L'acide
carbonique seul donne le caillot un peu diffluent, spécial
à la fibrine veineuse, tandis que l'acide carbonique, en
présence d'un sang oxygéné, produit des caillots solides,
artériels. Sur un chien dont l'artère crurale avait été divi-
sée en travers, un jet d'acide carbonique et d'ozone, après
cinq minutes d'application, a déterminé la formation d'un
coagulum assez solide pour résister définitivement à
l'ondée sanguine.

Les précédentes expériences prouvent que l'acide carbonique ne manque pas au sang dont on provoque la
coagulation dans les vaisseaux. Lorsque la circulation est
interrompue par une ligature, ce gaz aurait deux origines :
les oxydations *in situ* et les oxydations de voisinage.
Mais il est une troisième circonstance qui intervient
bientôt, et qui agit dans le même sens, c'est l'*altération
des globules sanguins*.

M. Preyer[1] a constaté que les globules rouges subissent une véritable dissolution dans l'asphyxie, démontrée par la couleur que prend la sérosité du sang et par les cristaux que forme l'hémoglobine sous l'objectif du microscope. Dans la modification que subit un sang stationnaire, on observe un phénomène analogue[2], la matière colorante passe dans le sérum. Cette dissolution peut se rattacher aux oxydations dont le sang est le siége après la ligature, mais on doit la rapporter surtout au contact prolongé et exclusif de l'acide carbonique, puisque le caillot hémostatique se sature graduellement de gaz acide comme après l'asphyxie. Or, à mesure que les globules s'altèrent, leur aptitude à fixer l'acide carbonique diminue; tout un article a été consacré à cette démonstration (V. *exp.* 25, 26 et 27).

Par conséquent, le liquide sanguin qui exige pour être saturé 70^{cc} d'acide carbonique 0/0, lorsque ses globules sont intacts, n'en retiendra plus un volume aussi considérable après un certain temps, quand les globules auront subi un commencement d'altération. Une grande partie du gaz que nous avons considéré comme ne prenant pas part au phénomène de la coagulation deviendra libre et pourra entrer dans la constitution du coagulum. L'acide carbonique qui, à l'origine, manque au sang compris entre deux ligatures, d'où le retard de la coagulation, existera bientôt en quantité suffisante, non-

Preyer, *J. de l'Institut,* Paris, 1863.
[2] Robin, *Leç. sur les humeurs,* pp. 177 et 178.

seulement pour coaguler la fibrine, mais pour désagréger la matière colorante des globules. Ainsi, on peut suivre et rapporter à l'acide carbonique les divers phénomènes qui se produisent dans l'hémostase.

D'abord, le sang arrêté par la ligature noircit dans l'intérieur du vaisseau ; ce changement de couleur est dû à la conversion de l'oxygène en acide carbonique et à l'accumulation de celui-ci. Ensuite, les globules retenus dans le caillot se gonflent et éclatent; un courant persistant d'acide carbonique, passant dans du sang défibriné, produit un résultat identique. Enfin, l'action soutenue du même agent altère l'hémoglobine elle-même : sa globuline se sépare à l'état de précipité albumineux, tandis que sa matière colorante entre en dissolution et quelquefois cristallise. Dans le caillot que nous étudions, les globules disparaissent aussi, leur substance albuminoïde vient renforcer le coagulum, et leur matière colorante est entraînée par la circulation qui persiste au voisinage. Le caillot, délavé à la périphérie par les liquides qui imbibent les tissus, devient blanchâtre à la surface, alors que sa partie centrale est encore rouge et pâlit la dernière. Plus tard, la fibrine envahie par une prolifération celluleuse se fragmente et se résorbe[1].

Cette série de transformations s'opère parallèlement au travail de réparation. La coagulation de la fibrine, telle qu'elle nous apparaît, est une précipitation d'ordre

____

[1] Durante, *Arch. de Phys.*, 1872, t. IV, p. 490.

chimique. Le caillot et l'arrêt du sang qui en résulte permettent seulement l'organisation, qui rendra définitive l'oblitération du vaisseau.

3º Mécanisme de la formation des thromboses capillaires ou veineuses produites par une altération du sang.

Plus nous avançons dans cette étude, plus notre conviction s'affermit : la coagulation du sang est due à l'acide carbonique, et pendant la vie les globules sanguins fixent ce gaz et lui servent de moyen de transport, jusqu'au moment de son élimination. L'affinité des globules pour l'acide carbonique se montre supérieure à celle de la fibrine, et comme la première n'est jamais satisfaite dans les conditions normales, l'action coagulante du gaz exhalé par les tissus ne trouve pas à s'exercer.

Une relation existerait donc entre les organes de l'hématose et la fluidité du sang ; cette relation implique l'intégrité des globules sanguins. Si elle était exacte, on devrait trouver les globules altérés dans les affections générales où l'on observe des coagulations spontanées, disséminées dans le système vasculaire. Nous avons cherché les preuves de cette altération des globules rouges, et nous nous sommes convaincu que la cause des thromboses cachectiques consiste en une diminution fonctionnelle des hématies, et en une élimination imparfaite de l'acide gazeux sécrété par l'organisme.

§ Nature de l'altération qu'éprouvent les globules sanguins.

On peut déterminer la richesse du sang en globules colorés, en mesurant la proportion du gaz oxygène ou acide carbonique qu'un volume donné de liquide sanguin est capable de dissoudre. L'expérience 27 montre en effet qu'une altération de l'hémoglobine abaisse notablement la quantité maximum de l'un et l'autre gaz absorbés par un égal volume de sang. De semblables variations s'observent sur l'animal vivant, en examinant son sang à deux époques différentes, à l'état normal et lorsqu'un état pathologique est venu modifier le pouvoir absorbant de ses globules pour les gaz (V. *exp.* 32). Par exemple, 100^{cc} de sang pris à un chien vigoureux, saturés par un courant d'air, ont dissous $25^{cc}50$ d'oxygène, et par un courant d'acide carbonique $218^{cc}50$. Quatre jours après, par suite d'altérations dues à la suppression des fonctions de la peau, le sang du même chien a dissous seulement $14^{cc}00$ d'oxygène et $157^{cc}50$ d'acide carbonique 0/0. L'affinité des globules rouges pour l'oxygène avait diminué de près de moitié ; quant à l'acide carbonique, en supposant sa solubilité dans le plasma égale à 100^{cc}, la quantité de gaz acide fixé par les mêmes globules était tombée de 118 à 57^{cc}, ou de la moitié encore.

On peut donc indifféremment saturer du sang par l'air ou l'acide carbonique, lorsqu'on veut apprécier sa capacité pour les gaz, et juger de l'état d'intégrité de ses globules. Mais si on traite le sang par un courant de gaz acide, il faut tenir compte de la quantité absorbée à la fois, par les hématies, par l'eau et par les sels fixes ou volatils qui constituent le plasma (V. *exp.* 25 et 26) ; l'opération est complexe. Au contraire, en saturant le sang d'oxygène par simple agitation à l'air, on évite tout inconvénient ; car sa partie fluide dissout à peine ce gaz, et la quantité qu'il retient après la saturation peut être considérée tout entière comme combinée aux globules rouges (V. *exp.* 21 et 22).

Plus un volume de sang agité à l'air absorbe d'oxygène, plus il est riche en globules normaux, et réciproquement, moins il absorbe d'oxygène, plus il est pauvre en globules sains.

On a donc une méthode, proposée déjà par M. Gréhant[1] et expérimentée par M. Brouardel dans la variole[2], qui permet d'apprécier avec une grande précision l'état des corpuscules colorés du sang. Nous l'avons employée pour mesurer l'altération des globules *pendant la vie*. Une petite quantité de sang, 20^{cc} en moyenne, a été prise à l'aide d'une ventouse, appliquée sur quelque point douloureux, à des hommes bien portants et à des malades, porteurs de thromboses d'origine spontanée. Le caillot obtenu a été broyé sur un filtre métallique et le liquide a été saturé d'oxygène par agitation à

---

[1] Gréhant, *Revue scientif.*, octobre 1871, p. 422.

[2] Brouardel, *Comptes rendus de la Soc. des hôpitaux*, 22 juillet 1870.

l'air; ensuite on l'a introduit dans l'appareil, et on a séparé et analysé les gaz qu'il renfermait.

Exp. 39. — *Proportion de gaz contenu dans 100cc de sang, extrait pendant la vie à l'aide d'une ventouse et saturé d'oxygène avant l'analyse.*

SANG NORMAL DE L'HOMME.

	1er sujet.	2e sujet.	3e sujet.	4e sujet.	5e sujet.
O =	23cc,30	21,25	24,10	24.70	25.88
CO_2 =	37cc,30	41,25	28,40	»	»

SANG D'INDIVIDUS PORTEURS DE THROMBOSES DES VEINES.

	brachial.	fémoral.	iliaques.	saphène interne.	saphène externe.		
O =	7,25	6,80	6,90	14,00	17,31	11.34	15.10
CO_2 =	36,75	31,20	40,00	38,50	35,00	»	»
Genre de maladie =	Phthisie pulmon.	fièvre typhoïd.	pyohé-mie.	pneumo-nie.	pneumo-nie.	Cachexie palud.	Cachexie palud.
Avant la mort =	8 jours.	4 jours.	4 jours.	état féb.	conval.	f. tierce.	amélior.

La différence dans les quantités d'oxygène absorbé est très-grande, suivant la nature du sang soumis à l'analyse. Lorsqu'il provient d'un sujet sain, la proportion varie entre 21 et 25cc 0/0; lorsqu'il provient d'un malade porteur d'oblitérations veineuses cachectiques, elle tombe au-dessous de 12cc 0/0 pendant la période d'état de la maladie, pour se relever s'il y a guérison, comme tendent à le prouver les dernières expériences du tableau.

On remarque que le sang, bien que saturé d'oxygène avant l'analyse, renferme de l'acide carbonique ; il est impossible, en effet, d'éliminer complétement ce gaz, et le sang le plus artériel en retient une certaine proportion. Mais, constamment, la quantité maximum d'oxygène que peut absorber le liquide sanguin se montre infé-

rieure à celle que fixe le sang de l'homme sain. L'inégalité est assez prononcée dans les exemples reproduits
pour qu'on ne puisse pas invoquer des variations indi-
viduelles. Le sang altéré, susceptible de se coaguler spontanément pendant la vie, perd la moitié ou les deux
tiers de son pouvoir absorbant pour l'oxygène.

A quoi rapporter un tel changement, sinon à une altération des organes de l'hématose, entrainant une diminution pathologique de leur activité fonctionnelle? L'altération des hématies se rattacherait à une lésion maté-
rielle en quantité, plutôt qu'en qualité, parce que les
analyses de MM. Becquerel et Rodier [1] prouvent que le
poids des globules secs diminue dans les affections cachectiques qui entrainent si souvent le développement
de thromboses veineuses ou capillaires. Dans la fièvre
puerpérale également, à laquelle se lie la phlegmasie
blanche causée par des caillots veineux, le chiffre des
globules peut tomber de 138 représentant l'état normal
à 69, c'est-à-dire diminuer de la moitié. La fonction doit
se modifier dans le même rapport.

Les recherches précédentes portent sur du sang emprunté à l'organisme vivant; mais il est possible d'arriver à des résultats analogues, en déterminant *après
la mort* la capacité du sang pour l'oxygène. Le liquide
sanguin s'altère spontanément, dès qu'il est soustrait à
l'influence de la vie, et son affinité pour les gaz diminue à

―――

[1] Becquerel et Rodier, *Gaz. méd. de Paris*, 1846, pp. 526 et 698.

mesure que l'on s'éloigne de l'époque où il circulait dans les vaisseaux. Cependant, l'altération est loin d'être excessive ; calculée d'après la quantité d'oxygène dissous par le liquide, elle varie de quelques centimètres cubes seulement, et elle est beaucoup moins prononcée en hiver qu'en été.

Exp. 40. — *Diminution de l'affinité du sang pour l'oxygène par altération à l'air.*

100^{cc} de sang défibriné, saturé par un courant d'air avant chaque analyse, ont donné :

	TEMPÉRATURE FROIDE.				TEMPÉRATURE ESTIVALE.			
	1er jour.	3e jour.	1re hre.	4e hre.	1er jour.	3e jour.	3h ap.	6h ap.
O =	28^{cc},00	26,90	23,65	23,53	23,00	17,25	16,75	16,00
CO^2 =	31^{cc},50	18,00	15,59	10,58	29,00	28,25	33,00	16,50

Ox. perdu = 1^{cc},10 en 48 h.   0,12 en 4. h.   5,75 en 48 h.   0,80 en 4. h.

L'altération spontanée des globules rouges se manifeste par une diminution du volume de l'oxygène absorbé par le sang, diminution représentée en 48 heures par 1 ou 2^{cc} en hiver, et 5 ou 6^{cc} en été. Mais il est évident qu'après un temps égal et dans la même saison, les altérations provenant de ce chef seront à peu près équivalentes. On pouvait donc comparer le sang de sujets morts de traumatisme à celui de sujets qui présentaient des coagulations dans les veines et dans les capillaires viscéraux pendant la vie, et juger de la différence.

Exp. 41. — *Quantité maximum d'oxygène absorbé par 100^{cc} de sang humain après la mort.*

| | SUICIDE PAR | | PHTHISIE | F. TYPHOÏDE |
	coup de feu.	strangulation.	th. brach.	th. fémorale.
Mort depuis 36 h.	24 h.		36 h.	24 h.
$O = 18,75$	18,00		2,75	2,00
$CO_2 = 16,25$	32,50		45,00	33,00

| | PYOHÉMIE | PYOHÉMIE | SCORBUT |
	th. iliaques.	coag. pulm.	mort subite.
Mort depuis 24 h.	24 h.	12 h.	
$O = 4,25$	1,50	4,00	
$CO_2 = 36,25$	27,25	25,00	

Le sang d'individus tués par coup de feu, par strangulation, est capable de reprendre 24 ou 36 heures après la mort jusqu'à 18^{cc} d'oxygène 0/0. Au contraire, celui des sujets qui succombent avec des oblitérations veineuses, périphériques ou pulmonaires ne dissout que très-peu d'oxygène, après une agitation prolongée au contact de l'air. Les globules colorés sont détruits en grande partie, ou tout au moins leur affinité pour les gaz a diminué des deux tiers ou des trois quarts. Ces globules étaient donc altérés pendant la vie, puisque le temps écoulé depuis la mort jusqu'au moment de l'analyse était à peu près égal dans chacune des expériences reproduites.

Tels sont, en résumé, les faits que nous avons été à même d'observer ; qu'il nous soit permis de les interpréter au point de vue spécial où nous nous plaçons.

§ Pathogénie des tromboses cachectiques.

La fonction des globules sanguins consiste en un échange et un transport de gaz. Ces cellules organisées cèdent de l'oxygène et prennent de l'acide carbonique dans l'intimité des tissus, tandis qu'elles échangent leur gaz acide contre une certaine proportion d'oxygène dans l'acte respiratoire. Les globules venant à s'altérer et leur affinité propre à s'amoindrir, quelle qu'en soit la cause, l'oxygène sera d'abord introduit en moindre quantité dans l'économie [1] ; on observera un abaissement de la température moyenne du corps, plus ou moins compensé par la rapidité de la circulation, phénomènes sur lesquels nous n'avons pas à insister ; mais en même temps, l'acide carbonique ne sera plus éliminé aussi facilement et, dans l'intérieur des vaisseaux, surgira la possibilité d'une formation spontanée de caillots sanguins.

Lorsque l'altération des hématies sera assez prononcée, l'acide carbonique déversé dans le sang ne sera plus repris en totalité, ce gaz apparaîtra à l'état libre dans le plasma, et il exercera son action coagulante sur la fibrine, sans qu'il y ait arrêt ou gêne préalable de la circulation. Des coagulums s'observeront dans les veines ou dans les capillaires, là où le sang rouge se convertit normalement en sang noir. L'expérience concorde avec cette manière de voir, puisque les affections où l'on rencontre

---

[1] B. Séquard, *J. de Physiol.*, 1858, t. I, p. 734.

des coagulations cachectiques, points de départ de complications mortelles ou très-graves, coïncident avec une modification du sang, caractérisée par une diminution dans l'aptitude fonctionnelle des globules.

On peut déterminer approximativement le moment où ces coagulums apparaissent spontanément. La quantité d'acide carbonique contenue à l'état normal dans le sang des veines ou des capillaires est de 50 à 55^{cc} 0/0 ; d'un autre côté, la limite de saturation des globules rouges par l'acide carbonique n'est pas supérieure à 80^{cc} pour 100^{cc} de liquide sanguin physiologique (V. *exp.* 20, 22 et 31). A égalité de volume de sang, la proportion des globules se réduisant de moitié, la limite de saturation tombera à 40^{cc} 0/0, et si l'on suppose que la production ne se ralentit pas, 10 ou 15^{cc} d'acide carbonique ne seront plus repris par les globules ; le gaz resté libre pourra agir sur la fibrine dissoute et la coaguler. L'expérience 32 portant sur des animaux chez lesquels on avait provoqué une altération des globules sanguins et des coagulations cachectiques justifie ce calcul basé sur nos données expérimentales, et prouve que le pouvoir absorbant du sang pour l'oxygène et pour l'acide carbonique diminue dans la même mesure.

Ainsi, des caillots oblitérateurs pourront apparaître en un point quelconque du système capillaire ou veineux, dès que les globules du sang auront suffisamment perdu de leur affinité pour les gaz. Ce mode de formation permet de comprendre comment les thromboses cachectiques se développent et quelquefois se généralisent, non-seulement dans les veines et dans le parenchyme pulmonaire, mais dans les organes abdominaux et dans les capillaires périphériques, où ils affectent l'apparence de foyers apoplectiques circonscrits [1].

Nous ne cherchons pas à infirmer la théorie des embolies, actuellement acceptée. Dans maintes circonstances des caillots migrateurs peuvent se détacher d'un coagulum et aller causer des oblitérations vasculaires au loin. Mais, sans l'altération dont nous avons spécifié les conséquences, on ne saisit pas le mode de production de la thrombose primitive, survenue sans inflammation locale ; on ne comprend pas davantage que des embolies dépassent les capillaires des poumons, ou même qu'elles s'y multiplient. Un fragment détaché d'une coagulation veineuse peut bien oblitérer un capillaire pulmonaire, mais il n'ira pas au delà des poumons [2] ; ensuite, les capillaires voisins vont se dilater et suppléer à l'insuffisance partielle de la circulation, à moins que l'on n'admette un nombre invraisemblable de caillots migrateurs. De même, s'il s'agit d'embolies provenant du cœur gauche, elles ne dépasseront pas les capillaires périphériques et elles produiront des lésions nettement circonscrites. L'altération des globules sanguins, au contraire, rend

---

[1] Bouchut, *Comptes rendus de l'Acad. des sc. de Paris*, 6 octobre 1873.

[2] Castelnau et Ducrest, *Rech. sur les abcès multiples*, 1846, p. 89.

compte des accidents généraux et de l'apparition spontanée de nombreux coagulums, disséminés dans les capillaires ou dans les veines de la grande et de la petite circulation.

Une autre théorie admet que les concrétions sanguines, développées pendant les cachexies, sont dues aux liquides sécrétés par les parois veineuses[1]; Hunter pensait déjà que la fluidité du sang est entretenue par la vitalité et l'intégrité des parois vasculaires. Mais, dans la plupart des cas pathologiques dont il s'agit, on ne trouve aucune altération locale des vaisseaux[2], et l'on émet une hypothèse sans fondement quand on suppose que leur membrane interne sécrète une matière qui, mêlée au sang, lui fait perdre sa fluidité.

4° Mode de production des coagulums, déterminés par une inflammation

La théorie de Hunter[3], si souvent invoquée par les pathologistes, est impuissante à expliquer les thromboses qui se produisent pendant les cachexies. Mais, lorsqu'il y a phlébite ou inflammation de voisinage, elle devient d'une application immédiate, car une sécrétion des parois vasculaires, consistant surtout en liquides chargés d'acide carbonique, justifie amplemen l'apparition de coagulums spontanés dans les vaisseaux.

---

[1] Hardy, *Thèse de concours*, 1838 ; Bouchut, *Gaz. méd.*, avril 1845.

[2] Robin, *Leç. sur les humeurs*, p. 171.

[3] Hunter, *loc. cit.*, t. III, p. 46.

On constate, en effet, que la température s'élève au point enflammé; les oxydations y sont donc plus actives et la quantité de gaz acide, introduit dans la circulation, doit s'accroître parallèlement. De l'acide carbonique étant sécrété en quantité suffisante, au travers de la paroi vasculaire, et le cours du sang étant suffisamment ralenti par le dépolissement de la membrane interne du vaisseau, la coagulation pourra se produire, et de dehors en dedans lorsqu'il s'agira d'une veine volumineuse, ainsi que l'exigent les faits d'observation [1].

MM. Estor et Saint-Pierre [2] ne croient pas que les inflammations déterminent des oxydations locales plus vives. D'après ces observateurs, la quantité d'oxygène contenu dans le sang qui provient d'une surface enflammée est plus grande que la proportion renfermée dans les grosses veines. Les expériences sur lesquelles repose cette assertion sont très-exactes, mais leur interprétation laisse à désirer. Le sang soumis à l'analyse était emprunté à des veines superficielles, et ces vaisseaux renferment, à l'état physiologique, un sang plus oxygéné et moins chargé d'acide carbonique que celui de la veine centrale du membre (V. *exp.* 29). Le résultat n'est donc pas applicable aux tissus enflammés, il démontre simplement l'existence d'une respiration cutanée, assez sensible.

---

[1] *Compendium de chirurgie*, t. II, p. 149; Hunter, t. III, p. 647.
[2] Estor et Saint-Pierre, *J. de l'anat. et de la physiol.*, 1864, t.
p. 403.

Nous remarquerons, après Kuss[1] et Follin[2], qu'une *inflammation très-vive* a pour conséquence prochaine le ralentissement et l'arrêt des globules sanguins, c'est-à-dire des coagulations qui expliquent la rougeur persistante et les pulsations inflammatoires, produites par l'ondée sanguine qui ne trouve plus d'issue. Mais, cette période de stase est précédée d'hypérémie et de chaleur; or, l'hypérémie ou la dilatation des vaisseaux implique l'apport d'un sang plus oxygéné, comme le montrent sa couleur rutilante et les analyses du tableau 17, qui établissent qu'une artère plus volumineuse, mécaniquement, reçoit plus de globules sanguins à volume égal de sang, et, par suite, envoie aux tissus davantage d'oxygène.

Cet apport plus considérable de gaz comburant entraîne des oxydations plus prononcées. On le constate pour l'organisme tout entier lorsqu'on fait varier la température de l'air respiré par un animal. Si l'air est plus froid, son sang artériel est plus oxygéné; peu nous importe la cause, et à cette suroxygénation correspondent immédiatement des combustions plus actives, celles-ci étant mesurées par la différence en oxygène que présentent les deux sangs artériel et veineux. Les mêmes changements s'observent lorsqu'on compare les combustions pendant le sommeil et pendant la veille.

[1] Kuss, *De la vascul. et de l'inflam.*, 1846, p. 28 et 43.
[2] Follin et Duplay, *Traité de Path. ext.*, 1861, t. I, p. 6.

Exp. 32. — *Démontrant que les oxydations intimes augmentent par l'apport d'oxygène.*

Gaz de 100^{cc} de sang pris à des chiens à jeun.

1° ANIMAL RESPIRANT DE L'AIR CHAUD A 40°.		LE MÊME RESPIRANT DE L'AIR FROID A 10°.	
s. artériel.	s. veineux.	s. artériel.	s. veineux.
$O = 18^{cc},50$	13,00	21,25	12,25
$CO^2 = 50^{cc},00$	60,25	55,50	58,00
Oxydations $= 5^{cc},50$		9,00	

2° ANIMAL PENDANT UN SOMMEIL PROFOND.		MÊME ANIMAL PENDANT LA VEILLE.	
s. artériel.	s. veineux.	s. artériel.	s. veineux.
$O = 15^{cc},47$	10,26	20,00	9,00
$CO^2 = 31^{cc},90$	47,43	35,75	48,00
Oxydations $= 5^{cc},21$		11,00	

Dans la première de ces expériences, rien n'a été changé aux conditions d'existence du sujet, sinon la température du milieu dans lequel il respirait; dans la seconde, l'état physiologique de veille ou de sommeil seul a varié. Il faut donc admettre que l'accroissement des combustions par le froid, ou pendant la veille, provient de l'introduction dans le sang d'une plus grande quantité d'oxygène. Ce qui est vrai de l'organisme pris dans son ensemble doit l'être pour une région circonscrite du corps, puisque tous les tissus sont le siége de combustions respiratoires plus ou moins actives, comme nous l'exposons dans un des chapitres consacrés à l'étude de a coagulation musculaire.

Par conséquent, l'hypérémie qui marque le début

d'une inflammation aurait deux effets; le premier consisterait dans l'arrivée au contact des tissus d'un sang
plus abondant et plus riche en globules et en oxygène, le
second se manifesterait par des oxydations plus vives,
conséquence de la suroxygénation et cause de l'élévation
de température que l'on observe au point phlogosé[1].

Le même enchaînement de phénomènes se produit
après la section du grand sympathique au cou. La dilatation vasculaire, origine de l'introduction d'un sang plus
oxygéné dans les artérioles, entraîne des oxydations plus
vives, d'où la rougeur et la chaleur de la partie correspondante de la tête, pouvant faire place à une véritable
inflammation chez un animal affaibli[2]. Le sang veineux
qui provient des téguments resterait rouge et oxygéné,
malgré la suractivité des combustions, parce que les
sécrétions ou la respiration cutanées s'exagèrent après
la division du filet cervical du sympathique, et ajoutent
leur influence à celle de la dilatation des capillaires superficiels de la peau. La section du nerf sciatique produit aussi une augmentation de température, mais le
sang veineux qui revient des parties profondes du membre
n'est pas coloré en rouge, parce qu'un échange de gaz,
plus ou moins compensateur, s'exerçant au travers des
téguments, n'a pas pu éliminer une grande partie de
l'acide carbonique emprunté aux tissus.

Les chiffres du tableau précédent accusent des oxy-

---

[1] Billroth, *Path. chirurg. gén.*, p. 107.
[2] Cl. Bernard, *Leç. sur le système nerveux*, t. II, p. 518.

dations plus prononcées, lorsque la quantité d'oxygène introduit dans le sang vient à augmenter ; mais ils ne prouvent pas que le volume de l'acide carbonique produit s'accroisse simultanément. La proportion de gaz acide, renfermé dans le sang veineux, tend à diminuer dans les secondes analyses, et, si elle augmente dans le sang artériel, c'est que la circulation était arrêtée par une ligature après chaque prise de sang.

Cette absence de relation, entre les quantités d'oxygène consommé et d'acide carbonique éliminé, n'est qu'apparente. Une dernière expérience montre que les oxydations qui se passent dans les tissus, n'ont pas pour résultat immédiat l'apparition d'une plus forte proportion d'acide carbonique dans le sang des veines. Ce n'est que plusieurs heures après une augmentation des combustions que le gaz acide est déversé dans le sang veineux en plus grande quantité. Cette nouvelle succession de phénomènes s'observe lorsqu'on expose un chien à une chaleur rayonnante très-vive, de manière à produire une élévation de la température rectale, en même temps qu'une brûlure superficielle de la partie antérieure du corps.

Exp. 43. — *Gaz du sang chez un chien dont le ventre est exposé à une chaleur rayonnante très-vive.*

ÉTAT NORMAL TEMP. RECTALE 39°2.		INFLUENCE DE LA CHALEUR TEMP. RECTALE 41°4.		SANG VEINEUX APRÈS L'ACTION DE LA CHALEUR.	
s. artériel.	s. veineux.	s. artériel.	s. veineux.	1ʰ ½ après.	3ʰ après.
$O = 17^{cc},25$	9,90	20,70	2,00	4,25	2,75
$CO_2 = 52^{cc},75$	54,75	38,14	39,00	73,75	61,75
Oxydations $= 7^{cc},35$		18,70		temp. 39°6	temp. 38°2

Au moment même de l'action de la chaleur, les combustions organiques s'exagèrent énormément et la quantité de gaz acide contenu dans le sang tend à diminuer, à l'inverse de ce que l'on aurait pu supposer. Mais une heure ou deux heures après l'élévation de la température rectale, il se trouve en quantité considérable dans le sang veineux; la proportion peut atteindre 73^{cc} 0/0, chiffre correspondant à la limite de saturation des globules sanguins par l'acide carbonique.

On doit conclure de cette expérience, d'abord que les combustions excessives, indiquées par les analyses, ne se passent pas dans le sang, mais dans l'intimité des tissus, puisque l'acide carbonique n'apparaît pas en excès dans le liquide sanguin conservé dans le vide, tandis qu'il se montre tardivement dans celui qui reste au contact des tissus phlogosés. Ensuite, que le gaz qui provient de ces combustions est introduit dans la circulation en quantité suffisante, après un certain temps, pour déterminer des coagulations au pourtour de la brûlure et même au loin, dans le cas spécial de brûlure très-étendue[1]. Enfin, que des coagulations sanguines existent, car une mortification et des eschares, limitées au ventre de l'animal, peuvent être consécutives à l'action du calorique rayonnant. La chaleur d'un foyer, appliquée à distance, peut même entraîner la coagulation

---

[1] Legouest, *Dict. ency. sc. médicales*, art. BRULURE, p. 203 et 208.

du tissu musculaire et la mort par rigidité des muscles thoraciques et immobilisation des côtes.

Ces expériences multiples permettent de comprendre quelle est l'influence du travail inflammatoire sur les gaz du sang. Elles montrent que les oxydations s'exagèrent en un point hypérémié ou enflammé, et que cette exagération a pour conséquence prochaine une production d'acide carbonique, capable de déterminer des coagulations et des oblitérations vasculaires au voisinage de l'inflammation, lorsque celle-ci dépasse une certaine limite.

Ainsi, quelles que soient les conditions dans lesquelles on se place, les phénomènes physiologiques qui accompagnent la coagulation spontanée du sang concordent avec la théorie exposée au commencement de ce travail. L'acide carbonique est combiné normalement aux globules sanguins, et il ne coagule la fibrine que s'il passe à l'état libre dans le plasma. Les différents mécanismes que nous venons d'étudier se réduisent aux trois modes suivants :

1° Coagulation PAR DÉPLACEMENT, l'oxygène de l'air mettant en liberté l'acide carbonique des globules. Cette libération s'observe lorsque le sang s'épanche librement au dehors des vaisseaux; elle s'observe aussi dans l'acte respiratoire, mais dans ce cas la présence d'une membrane animale empêche le gaz déplacé de se répandre dans le plasma, et assure son élimination.

2° Coagulation PAR SATURATION. Cette forme se rencontre dans l'asphyxie pulmonaire et après une inflammation, une ligature ou un ralentissement extrême de la circulation. Elle implique l'intégrité des globules sanguins, dont l'affinité pour l'acide carbonique doit être satisfaite avant que le gaz acide puisse exercer son action coagulante sur la fibrine en dissolution.

3° Coagulation PAR ALTÉRATION DES GLOBULES ROUGES. Lorsque cette condition se réalise, l'affinité des globules pour l'oxygène ou pour l'acide carbonique a diminué considérablement, et l'altération des hématies s'oppose à l'élimination régulière de l'acide carbonique sécrété par l'économie. Les coagulums se développent en un point quelconque du système vasculaire, mais là surtout où le sang rouge se convertit en sang noir. Ce mode de coagulation est spécial à l'asphyxie cutanée et il préside à la formation des thromboses cachectiques.

APPENDICE.

1° De la coagulation spontanée des épanchements séreux ou des liquides plasmatiques.

Les liquides plasmatiques doivent à la fibrine la propriété qu'ils possèdent de se coaguler spontanément; aussi, après l'examen des causes de la coagulation du sang, il peut sembler superflu de consacrer une étude spéciale à leur coagulation. Mais celle-ci présente plusieurs particularités qui pourraient induire en erreur, si l'on voulait conclure du sang aux épanchements séreux. Nous examinerons donc brièvement les conditions qu'elle réclame.

On observe que les divers liquides fibrineux se coagulent toujours lentement, sur le cadavre ou dans un vase ouvert, et qu'ils ne se coagulent pas dans le vide, à l'abri des gaz de l'atmosphère, à moins d'une décomposition caractérisée par un dégagement d'hydrogène, ou de dédoublements, conséquence d'oxydations antérieures. Ensuite, les coagulums produits à l'air apparaissent plutôt en été qu'en hiver, circonstance qui intervient à peine dans la coagulation spontanée du liquide sanguin. L'influence du milieu ambiant ou de l'oxygène est donc très-sensible sur les sérosités coagulables de l'économie.

L'acide carbonique, cependant, serait encore la cause déterminante de la coagulation ; mais, normalement, ces liquides n'en contiendraient pas assez pour donner naissance à un coagulum immédiat. Il serait indispensable que la proportion de gaz acide augmente dans la liqueur, et cette augmentation dépend avant tout de l'activité des oxydations survenues au contact de l'air, ou dans l'épaisseur même de la séreuse enflammée qui a sécrété l'épanchement, lorsqu'il s'agit d'un cas pathologique (V. *exp.* 14).

On a constaté que l'oxygène fait défaut dans les diverses sérosités animales; son absence se rattache à une conversion rapide du gaz comburant en acide carbonique ; même après une agitation prolongée à l'air, les liquides séreux ne renferment que des traces peu appréciables d'oxygène, surtout lorsque leur température est équivalente à celle du corps (V. *exp.* 22). Cependant, ls en absorbent, puisqu'en les laissant sous une éprouvette en présence d'un air limité, la composition de celui-ci indique une disparition d'oxygène, après un laps de temps assez court. Du sérum laissé au contact de l'air, sous une éprouvette renversée sur le mercure, a absorbé en quelques heures $3^{cc},10$ d'oxygène et dégagé $2^{cc},32$ d'acide carbonique (V. *exp.* 51).

D'un autre côté, l'acide carbonique existe en assez forte proportion dans les liquides pathologiques du péricarde, des plèvres et de l'hydrocèle (V. *exp.* 14 et 49). Mais ce gaz serait combiné aux sels alcalins du liquide, et probablement à l'état de bicarbonate et de phospho-carbonate; or, c'est l'acide carbonique libre qui détermine la précipitation de la substance fibrineuse. Cette induction est permise, car en faisant passer un courant de gaz acide dans une sérosité transparente, des coagulums ne tardent pas à se produire, surtout si l'on ajoute de l'eau, de manière à diminuer l'affinité des sels pour le gaz acide (V. *exp.* 48). Pour le même motif, une simple dilution du plasma sanguin, obtenue par le sulfate de soude en détermine la prompte coagulation (V. *exp.* 12 et 47).

La coagulation spontanée des liquides plasmatiques, contenant normalement peu de gaz acide, se produirait après une exposition suffisante à l'air, parce que de l'acide carbonique se forme incessamment par lente oxydation, et parce que cette nouvelle quantité vient renforcer celle qui existe déjà dans la liqueur.

L'accumulation graduelle du gaz acide et son influence sur le développement du coagulum peuvent être suivies lorsqu'on conserve du liquide à l'air pendant la saison froide (V. *exp.* 13, 15 et 47), ou sous une couche d'huile en toute saison (V. *exp.* 36). Ces deux conditions ralentissent les oxydations qui donnent naissance à l'acide carbonique, mais elles empêchent le gaz formé de se répandre dans l'atmosphère.

Exp. 44. — *Quantité d'acide carbonique contenue dans* 100^{cc} *de liquide coagulable conservé sous l'huile.*

	LIQUIDE PLEURÉTIQUE.			PLASMA OBTENU PAR LE SULFATE DE SOUDE.			
	1er jour.	6e jour.	8e jour.	1er jour.	2e jour.	3e jour.	7e jour
$CO_2 =$	30^{cc},00	48,50	37,25	15,00	24,00	39,67	53,52
	avant la coagulation.		après.				

En analysant les gaz d'un liquide plasmatique à plusieurs jours d'intervalle, on s'aperçoit que la quantité d'acide carbonique augmente avec le temps, et, si on répète l'analyse avant et après la coagulation, on constate que la proportion d'acide dégagé par le vide et une chaleur modérée diminue après la formation du caillot, comme dans les analyses des gaz du sang qui ont servi d'introduction à ces recherches (V. *exp.* 1, 4 et 6). Ainsi, les transformations qui précèdent et qui accompagnent la coagulation des liquides fibrineux sont, d'une part, des oxydations, de l'autre une production d'acide carbonique qui déterminerait bientôt la formation du coagulum.

Enfin, toutes les sérosités plasmatiques de l'organisme, privées de leur gaz par le vide et la chaleur, deviennent incoagulables à l'air, sinon après un temps très-long; mais, en leur rendant de l'acide carbonique, elles se coagulent immédiatement. Cette coagulation provoquée est plus abondante que celle produite spontanément, parce que le départ des sels ammoniacaux, survenu pendant l'extraction des gaz, a diminué l'alcalinité du liquide et a rendu l'action du gaz acide plus facile et plus complète.

L'acide carbonique est donc l'agent de la coagulation des liquides plasmatiques et des épanchements séro-fibrineux; mais ses effets ne se manifestent qu'avec le temps, lorsque la quantité est devenue suffisante par oxydation graduelle à l'air.

Il serait possible que l'oxygène atmosphérique intervienne encore en libérant l'acide carbonique à l'état de bicarbonate dans le liquide. Les expériences de H. Rose et de Marchand prouvent, en effet, que les bicarbonates alcalins en solution se décomposent à l'air et dégagent de l'acide carbonique. Cependant cette circonstance ne doit pas avoir une grande importance, vu la lenteur avec laquelle la décomposition se produit.

Remarquons que le coagulum, qui a pris naissance dans les conditions indiquées, peut se redissoudre spontanément lorsqu'il est abandonné à lui-même. La cause de cette disparition du caillot s'explique, car l'alcalinité de la liqueur a augmenté; les matières albuminoïdes en solution s'altèrent rapidement à l'air, et l'un des premiers caractères de cette altération est la formation de carbonate d'ammoniaque, dont on constate la présence et la quantité en les distillant par la chaleur ou dans le vide. Cette alcalinité plus prononcée entraine la redissolution du caillot fibrineux, qui est peu consistant et soluble tant que la chaleur, l'alcool ou quelque autre circonstance n'est pas intervenue. L'influence des sels alcalins sera examinée de nouveau, lorsque nous rechercherons l'origine de la transformation de la fibrine veineuse en fibrine artérielle.

2° Les gaz de la lymphe et sa coagulation.

M. Cl. Bernard, qui a accueilli avec une grande bienveillance l'exposé de nos recherches sur la coagulation du sang, nous a engagés à examiner la lymphe, que l'on peut considérer jusqu'à un certain point comme du liquide sanguin, moins les globules rouges. Cet examen nous a conduits à rapprocher le mécanisme de cette coagulation de celle du sang exposé à l'air.

EXP. 45. — *Analyse des gaz de 100^{cc} de lymphe.*

	LYMPHE		CHYLE	
	non coagulée,	coagulée.	avant et après la coag.	
O =	»	4,50	»	2,75
CO² = 35^{cc},00		23,33	21,42	17,85

QUANTITÉ D'ACIDE CARBONIQUE ABSORBÉE PAR 100^{cc}
DE LYMPHE ET DE SÉRUM LYMPHATIQUE.

Lymphe.	Eau.	Sérum.
105^{cc},00	66,67	86,50

La lymphe manque d'oxygène, et elle renferme de l'acide carbonique en proportion à peine inférieure à celle contenue dans le sang. Ce résultat a déjà été obtenu par M. Hammarsten [1], qui indique de 30 à 42^{cc} d'acide carbonique 0/0. Mais, pour apprécier l'influence du gaz acide sur le phénomène de la coagulation, il est encore nécessaire de séparer le plasma lymphatique des leucocytes qui s'y trouvent en suspension. La lymphe, en effet, paraît se comporter comme le sang; la quantité maximum d'acide carbonique qu'elle absorbe est plus grande que celle absorbée par le sérum ou par la lymphe privée de ses globules blancs. De plus, laissée au contact de l'air, la lymphe dissout de l'oxygène; les liquides purulents qui renferment des leucocytes en retiennent

---

[1] Hammarsten, *Arbeit an der Physiol.*, *Anstalt.* Leipsig, 1872, t. VI, p. 121.

dans les mêmes circonstances [1], tandis que les sérosités albumineuses n'en présentent que des traces.

Par conséquent, les globules lymphatiques se comporteraient, en présence des gaz, à peu près comme les globules colorés du sang. On sait, du reste, que la lymphe devient rougeâtre pendant l'abstinence, lorsque le chyle ne s'y mêle pas (Collard de Martigny); qu'elle a de la tendance à prendre une teinte rosée à l'air (Tiedmann et Gmelin), et que le sulfate de soude lui communique une couleur rose très-prononcée, de même qu'il rougit le sang (Cl. Bernard). Enfin, les globules blancs contiennent du fer, suivant MM. Gubler et Quevenne [2], et les liquides lymphatiques renferment les divers éléments du sang en proportion presque égale. M. Lehmann remarque seulement que les sels ammoniacaux et les sulfates y sont en quantité plus considérable, ce qui expliquerait la lenteur avec laquelle se coagule la lymphe et la diffluence de son caillot.

Nous n'avons pas déterminé exactement la nature de la combinaison qui retient l'acide carbonique fixé aux leucocytes, tant qu'un autre gaz n'est pas intervenu pour le déplacer. Mais si l'on rapproche les dernières analyses du tableau précédent de celles du tableau 19, on est porté à admettre qu'il y a une grande analogie entre les deux modes de combinaison; en partant de ce fait, on peut même se rendre compte approximativement

[1] *Gaz. hebdom.*, 1872, p. 340.
[2] Quevenne et Gubler, *Gaz. méd.*, Paris, 1854, t. XXII, p. 412.

de la manière dont l'acide carbonique, combiné à la lymphe en circulation, est libéré au contact de l'oxygène ambiant.

L'acide carbonique du sang est certainement fixé par la substance cristallisable que l'on appelle hémoglobine; celle-ci manque aux leucocytes, mais les phosphates constituent un élément commun aux deux variétés de globules et à l'hémoglobine. Les recherches de M. Marcet[1] sur la constitution du sang établissent que les globules rouges renferment quatre fois plus de phosphates tribasiques que le sérum. Ces phosphates de potasse et de fer, d'après MM. Jolly et Paquelin[2], se trouveraient associés à la matière colorante, et il serait très-difficile de les en séparer autrement que par un liquide faiblement alcoolisé et rendu très-alcalin. Ensuite M. Boussingault[3] trouve $1^{gr},45$ d'acide phosphorique dans 100 grammes d'hématosine. D'un autre côté, les analyses dont les leucocytes ont été l'objet indiquent non-seulement du fer, mais des phosphates[4] comme entrant dans leur composition, en quantité presque équivalente à celle que renferme le sang. Sans vouloir insister particulièrement sur l'action de ces sels, on peut remarquer que les phosphates solubles ont une affinité considérable pour l'acide carbonique (Fernet, Preyer), et que leurs solu-

---

[1] Marcet, *C. r. Acad. sc.*, Paris, 1871, t. LXXII, p. 771.
[2] Jolly et Paquelin, *C. r. Soc. biologie*, 24 janv. 1874.
[3] Boussingault, *C. r. Acad. sc.*, Paris, 1872, t. LXXV, p. 229.
[4] Miescher, *Medico-chem. Unters.*, Tübingen, 1871, p. 441.

tions, après avoir été saturées de gaz acide, en perdent la plus grande partie sous l'influence d'un simple courant d'air (V. *exp.* 48).

Il est donc permis de supposer que la combinaison qui lie l'acide carbonique aux globules lymphatiques est due pendant la vie aux phosphates contenus dans leur substance, phosphates qui existeraient aussi dans les hématies, mais associés à la matière colorante. Celle-ci prend le nom d'hématoïdine lorsqu'elle a été privée de fer et de phosphore, et elle perd alors son action sur les deux gaz du sang.

Après l'exposition de la lymphe à l'air, l'oxygène ambiant interviendrait d'abord en produisant une nouvelle quantité de gaz acide par oxydation spontanée, pendant le temps assez long qui précède la formation du caillot; ensuite en déplaçant peu à peu l'acide carbonique que fixent les phosphates tribasiques des globules; enfin, le gaz accumulé et devenu libre se porterait sur la fibrine dissoute et en déterminerait la coagulation. Cette double origine du gaz acide est probable; car, si les globules blancs accusent des phosphates, la lymphe et le chyle pris en bloc renferment des produits très-oxydables, mais incapables de se transformer en acide carbonique dans l'intérieur des vaisseaux, puisque ces liquides ne contiennent pas d'oxygène.

Cette étude aurait besoin d'être poursuivie. Cependant, l'acide carbonique étant reconnu l'agent de la coagulation spontanée des substances fibrio-albumineuses, il est évident que les leucocytes, comparables aux organismes inférieurs qui se réduisent à une cellule vivante, doivent respirer à peu près comme respirent les globules rouges du sang des vertébrés, afin de pouvoir échapper à l'action coagulante du gaz, qui est le produit constant des oxydations caractéristiques de la vie.

En résumant l'influence de l'oxygène atmosphérique dans le mécanisme de la coagulation de la fibrine en dissolution, ce gaz pourrait agir : 1° en devenant une source d'acide carbonique par oxydation spontanée, lorsque le liquide coagulable n'en renferme pas une quantité suffisante pour se coaguler immédiatement; 2° en se substituent à l'acide carbonique combiné à quelque élément du liquide, globules ou sels alcalins; ce mode d'action prédomine dans la formation des caillots du sang et de la lymphe, mais il est très-accessoire dans la coagulation spontanée des épanchements séreux et plasmatiques.

CHAPITRE IV.

Circonstances diverses qui influent sur les phénomènes de coagulation.

Les circonstances particulières qui peuvent intervenir pendant la coagulation du sang sont très-nombreuses; pour apprécier leur valeur et expliquer leur action, il eût fallu les prendre une à une et se livrer à un travail minutieux. Aussi, nous nous sommes contentés de passer en revue les principales théories proposées à différentes époques, en groupant autour d'elles les observations qui s'y rattachent. L'interprétation de faits incontestables était un moyen de contrôler nos données expérimentales, et d'embrasser dans leur ensemble les divers incidents qui accompagnent la formation du caillot.

La non-réalité d'une oxydation, comme cause directe de la précipitation de la fibrine, a été déjà discutée. D'autre part, M. Zimmermann [1] a démontré que ce n'est pas le carbonate d'ammoniaque qui empêche la coagulation du sang dans les vaisseaux, ainsi que l'avait admis M. Richardson. De plus, il a été dit qu'une sécrétion des parois vasculaires, explication invoquée par Hunter et par les pathologistes, n'est admissible qu'après une inflammation. Enfin, nous avons étudié le rapport qui existe entre la vitesse de la circulation et la fluidité du sang. Il nous reste à examiner : 1° l'hypothèse de Scudamore et les expérences qui la confirment ; 2° l'influence des sels et la théorie de M. Schmidt ; 3° la plasmine de Denis et son dédoublement. Cette dernière étude nous amènera à rapprocher la fibrine et la globuline, et à parler de la transformation de la fibrine veineuse en fibrine artérielle.

---

[1] Zimmermann, *in Moleschott's Untersuch zur Naturlehre d. Menschen*, 1857, t. II.

1° Hypothèse de Scudamore et influences physiques ou chimiques qui ralentissent ou accélèrent la coagulation du sang.

Il résulte des expériences reproduites dans les paragraphes précédents, que la coagulation de la fibrine est due à l'acide carbonique, combiné normalement aux globules rouges. Mais une relation entre l'acide carbonique et les caillots sanguins avait déjà été entrevue par Scudamore [1], qui admettait qu'un sang est d'autant plus coagulable qu'il dégage davantage d'acide carbonique. Ce dégagement de gaz acide par le sang exposé à l'air n'est pas constant; il est dû au déplacement produit par l'oxygène atmosphérique, plutôt qu'à la coagulation; aussi l'opinion du physiologiste anglais, appuyée sur des expériences peu concluantes, n'avait pas été acceptée. La principale objection que l'on ait faite à sa théorie, c'est que le sang veineux, qui contient plus d'acide carbonique, se coagule moins vite que le sang artériel, et donne un caillot plus diffluent.

La diffluence que présente le caillot de sang noir se rattache à une différence physiologique; depuis les recherches de Denis [2], on sait que la fibrine veineuse ne jouit pas de propriétés identiques à celles du sang artériel. Cette question sera examinée à part. Mais il est certain que le sang veineux est généralement moins coagulable que l'artériel, quoiqu'il renferme une plus forte proportion d'acide carbonique. Cependant, il existe de

---

[1] Scudamore, *Essay on the Blood,* 1824, p. 103.
[2] Denis, *Mém. sur le sang,* 1859, p. 40 et 42.

grandes variations à cet égard. Ainsi, le sang vermeil qui provient des organes glandulaires ne donne pas de fibrine par le battage, et celui de la jugulaire, après la section du grand symphatique au cou, se coagule plus rapidement que celui de la carotide ou de la jugulaire du côté sain. Mais le premier manque d'acide carbonique (V. *exp.* 8), et le second a pris les caractères du sang artériel sans perdre beaucoup de son gaz acide, puisqu'il en exhale davantage[1]. Les anomalies que présente la coagulation du sang veineux s'expliquent donc par le volume d'acide carbonique qu'il renferme. Devait-on admettre que le même gaz, qui favorise la coagulation lorsqu'il est abondant, et qui l'empêche lorsqu'il fait défaut, le sang étant retiré des veines à contenu rouge, retardait par sa seule présence la coagulation du sang veineux ordinaire?

Afin d'apprécier si la lenteur de la coagulation du sang noir devait être rapportée à l'acide carbonique, nous avons cherché à transformer du sang artériel en sang veineux, en l'introduisant dans une atmosphère de gaz acide, et nous avons constaté que son contact ne ralentit pas le phénomène. H. Davy[2], qui a fait des recherches suivies sur les changements produits par l'azote, l'oxygène et l'acide carbonique, est arrivé à la même conclusion. M. Cl. Bernard[3], de son côté, a observé que

[1] Cl. Bernard, *Leç. sur les liquides*, t. I, p. 284, et *Revue scientif.*, 1872, t. I, p. 1251.

[2] H. Davy, *Researches on Nitrous oxyde*, p. 380

[3] Cl. Bernard, *Leç. sur les liquides*, t. I, p. 368.

du sang agité avec de l'hydrogène, de l'azote ou de
l'oxyde de carbone présente souvent deux coagulations :
l'une immédiate, l'autre tardive ; tandis que l'on ne remarque que la première, en employant de l'acide carbonique. La présence d'un excès d'acide gazeux rend
donc la coagulation du sang plus complète ; ajoutons
qu'en général elle accélère la formation du caillot ; mais
pour constater cette accélération, il est indispensable d'o-
pérer comparativement, en faisant tomber le sang dans
deux vases de même forme et de même dimension, celui-ci rempli de gaz, celui-là de l'air ambiant. Un aju-
tage de caoutchouc muni d'un tube de verre effilé sert de
conducteur et empêche le sang d'être brassé avec l'air,
avant l'une ou l'autre expérience.

Le détail de cette opération nous oblige à étudier l'influence de la forme du vase, avant d'exposer pourquoi le
sang veineux foncé se coagule plus lentement que le
sang artériel.

§ Influence de la forme du vase sur la rapidité de la coagulation.

Dans un vase large, ayant la forme d'un bassin, la coagulation est plus rapide que dans un vase ayant une forme
allongée ou un col étroit. Pour interpréter ce fait, il faut
se reporter au mécanisme de la coagulation du sang
hors des vaisseaux. L'acide carbonique, disons-nous, est
normalement fixé aux globules sanguins ; ceux-ci, au
contact de l'air, échangent leur gaz acide contre une

certaine proportion d'oxygène ; le premier, devenu libre, se dissout dans le plasma et agit bientôt sur la fibrine, dont il détermine la transformation. N'est-il pas évident, dès lors, que plus on facilitera le contact de l'air et du sang, plus la coagulation sera rapide, et que la même quantité de liquide, étendue en nappe dans un plat, devra se prendre en caillot plus rapidement qu'une égale quantité resserrée dans un espace étroit et protégée en quelque sorte contre l'influence de l'air extérieur ?

Un auteur anglais, Babington [1], a même trouvé que la coagulation est moins parfaite lorsqu'elle se produit dans un vase pyriforme. L'explication naturelle de cette anomalie est une conséquence de la lenteur de la diffusion des gaz dans les liquides. Du sang, placé dans une longue éprouvette, n'a qu'une petite surface d'échange, et pour que l'oxygène de l'air aille déplacer l'acide carbonique des couches profondes, il doit falloir un temps plus long, de sorte que la formation du coagulum peut être incomplète dans un vase cylindrique, alors qu'elle est parachevée dans un bassin. En couche épaisse, le sang devra aussi se cailler plutôt à la surface que profondément (Hunter). Enfin, la nature du vase aurait de l'influence. D'après Thackrah [2], le contact du cuivre rendrait le caillot proportionnellement moins considérable que le contact de l'étain ou du verre. D'autres observateurs ont contesté le fait, mais la présence d'oxydes

[1] Babington, v. *Hunter*, œuv. c., trad. Jourdan, t. III, p. 39.
[2] Thackrah, *Properties of Blood,* 1819, p. 66.

métalliques sur les parois du vase et leur affinité variable pour le gaz acide du sang doivent donner la clef de ces différences.

On peut appliquer les résultats précédents à la coagulation se produisant dans un vase rempli d'acide carbonique. Si la surface d'échange entre le gaz et le liquide sanguin est étendue, et si l'épaisseur de la couche à coaguler est mince, le caillot se formera rapidement; si les conditions sont renversées, la coagulation sera plus lente. Enfin, lorsque le sang et le vase resteront immobiles, le phénomène se produira moins promptement que si l'on agite. Il y a lieu de tenir compte de chacune de ces circonstances lorsqu'on fait des expériences comparatives.

§ **Causes du retard de la coagulation du sang veineux, comparé au sang artériel.**

Maintenant, au contact de l'air, du sang veineux foncé se coagule moins vite que le sang artériel, bien que le premier renferme davantage de gaz acide que le second. Mais la quantité d'acide carbonique contenue dans le sang est presque indifférente, puisque celui-ci est combiné aux globules; ce qui accélère ou ralentit la coagulation, c'est la rapidité du déplacement gazeux sous l'influence de l'oxygène ambiant. Aussi, plus les globules sanguins exposés à l'air seront déjà oxygénés, plus la libération de l'acide carbonique ou la coagulation sera prompte, et moins le sang sera chargé d'oxygène, plus longtemps il lui faudra pour s'artérialiser et abandonner de l'acide carbonique ; car les deux gaz coexistent en combinaison avec l'hémoglobine, et c'est l'excès de l'oxygène seulement qui déplace le gaz acide et produit des caillots lorsqu'une membrane animale ne lui permet pas de se diffuser à l'extérieur. La coagulation du sang veineux moins oxygéné que le sang artériel peut donc demander un peu plus de temps que la coagulation de celui-ci.

Une seconde circonstance très-importante, que l'on perd facilement de vue, et qui doit avoir de l'influence sur la lenteur de la coagulation du sang noir, et même sur la diffluence de son caillot, c'est que le sang des veines, d'après Mitscherlick, Tiedmann et Gmelin [1], est *plus alcalin* que le sang artériel. M. Lehmann [2] a bien trouvé que le sang des artères est plus riche en sels, mais il fait allusion aux sels fixes dont la quantité augmente d'une manière absolue, après l'introduction du sang abdominal dans la circulation, et d'une manière relative par suite de la perte aqueuse qui a lieu dans les voies respiratoires. Gmelin et Tiedmann, au contraire, parlent de l'alcalinité du liquide, appréciée en bloc, et qui est plus prononcée lorsque le sang provient des veines périphériques. Cette différence se rattacherait à une plus grande quantité de carbonate d'ammoniaque existant dans le sang noir, et à l'introduction d'acides

---

[1] Muller, *Physiologie*, trad. Jourd., t. I, p. 246.
[2] Lehmann, *Chimie physiol.*, p. 142.

fixes dans le sang qui vient de traverser les poumons.

En effet, le sérum donné par le sang veineux est plus alcalin que celui fourni par le sang artériel, et après une ébullition suffisamment prolongée dans le vide, les deux liquides, devenus également neutres, ont perdu, le premier plus d'alcali volatil que le second. L'examen du sang complet et frais, recueilli à l'abri de l'air, conduit à un résultat identique ; 100^{cc} de sang veineux de la jugulaire externe, desséché dans le vide à une douce chaleur, perdent $0^{gr},01218$ ou $15^{cc},85$ de gaz ammoniac, tandis que 100^{cc} de sang artériel, pris au même moment à la carotide du même animal, ne donnent que $0^{gr},008153$, ou $10^{cc},62$. Comme corollaire, du carbonate d'ammoniaque serait éliminé par les bronches ; on le constate directement en faisant passer, pendant un certain temps, les gaz de l'expiration dans le réactif de Nessler ; ceux-ci doivent traverser le nez et non la bouche, afin qu'ils n'entraînent pas des produits d'altération dentaire. La proportion d'ammoniaque exhalée est minime et variable, mais souvent elle existe, et l'on sait, depuis les expériences de M. Richardson, qu'une trace d'alcali volatil retarde la coagulation du sang artériel, et donne de la mollesse à son caillot.

D'après M. Lossen [1], l'homme rejetterait par la respiration, en 24 heures, $0^{gr},01$ d'alcali volatil. Cette proportion paraît trop faible pour exercer une grande influence,

[1] Lossen, *Zeitschrift für Biologie*, 1 Band, p. 207.

mais le parenchyme pulmonaire et les sécrétions bron-
chites transparentes sont acides; le carbonate ammoniacal contenu dans le sang serait donc neutralisé en
grande partie, au moment de son élimination, par les
bronches; cette neutralisation explique les résultats négatifs obtenus par plusieurs expérimentateurs [1]. Ajoutons que l'existence du carbonate d'ammoniaque dans
le liquide sanguin n'a rien de singulier, puisque nous
avons vu ce composé se produire en quantité très-ap-
préciable dans le sang, après quelque temps de conservation (V. *exp.* 25 et 26); le sang de bœuf récemment
défibriné contient $0^{gr},017$ ou $22^{cc},13$ de gaz ammoniac.

L'alcalinité moins prononcée du sang artériel, comparé
au sang veineux, doit provenir encore de la neutralisation directe des carbonates alcalins, renfermés dans le
sang noir, par quelque acide formé dans les voies aé-
riennes par oxydation, dédoublement ou simple transformation du sucre en acide lactique. Le sang qui arrive
aux poumons contient, en effet, du glucose, et celui qui
en sort en contient moins, surtout à jeun [2]. Il est donc
probable qu'une partie s'est convertie en acide lactique
pour être brûlée ultérieurement et donner de l'acide carbonique. Ensuite, M. Verdeil [3] a signalé une réaction
acide des tissus pulmonaires, acidité qu'il rapporte à
l'acide pneumique. Ces composés, mêlés au sang, ne

---

[1] Chalvet, *Gaz. des hôpitaux*, 1867, p. 604 et 1868, p. 6.
[2] Cl. Bernard, *Leç. de physiol. exp.*, t. 1, p. 226 et 239.
[3] Verdeil et Robin, *Chimie anal. et physiol.*, 1853, t. II, p. 462.

peuvent contribuer qu'à le neutraliser et à accélérer la formation du caillot artériel.

Enfin, M. Cl. Bernard a montré que le sang, retiré des vaisseaux, perd très-rapidement sa matière sucrée ; or le sang noir, que l'on compare au sang des artères, provient des membres et renferme moitié moins de glucose [1]. C'est là une nouvelle cause de neutralisation du sang artériel et de coagulation relativement plus lente du sang veineux.

Par conséquent, l'on peut invoquer plusieurs circonstances, physiques et chimiques, dont les effets s'ajoutent les uns aux autres, et qui expliquent suffisamment le léger retard qu'éprouve la coagulation du sang veineux ordinaire. En se reportant à l'influence démontrée de l'acide carbonique sur la rapidité de la coagulation, le liquide sanguin serait d'autant plus coagulable qu'il renferme davantage de gaz acide ; mais, lorsqu'il s'agit du sang noir, ce défaut serait largement compensé par une plus grande alcalinité.

Lorsqu'on parcourt le *Traité* de Hunter, on est surpris du nombre d'expériences contradictoires dont la coagulation du sang a été l'objet. Ainsi, Hunter [2] arrive à cette conclusion que ni le froid, ni l'air, ni le repos, pris isolément, n'ont d'influence sur le phénomène qui nous occupe, parce que ces diverses circonstances paraissent tantôt favoriser, tantôt entraver la coagulation. Cepen-

---

[1] Cl. Bernard, *Revue scientif.*, 1873, p. 1106 et 1159.
[2] Hunter, *loc. cit.*, t. III, p. 46.

dant, en partant de cette idée que la formation du caillot résulte d'une combinaison chimique de la fibrine du plasma avec l'acide carbonique des globules, on s'explique les différents résultats obtenus par les physiologistes.

N'est-ce pas le caractère de toute combinaison d'être ralentie par le froid et accélérée par la chaleur (Hewson, Scudamore); n'est-il pas possible que la chaleur élimine l'acide carbonique du sang, avant que ce gaz n'ait eu le temps d'intervenir, comme parait l'avoir observé Prater? La congélation ne fait-elle pas éclater les globules rouges, suivant **M.** Pouchet[1], et le sang, redevenu fluide, mais conservé dans un milieu glacé, ne peut-il pas laisser échapper son acide carbonique au contact de l'air, et perdre sa propriété (Thackrah); tandis que, ramené à la température ambiante sans avoir été agité, il devra se coaguler spontanément (Hewson)? Enfin, l'électricité favorisera une combinaison chimique (Scudamore), et des coagulations pourront se produire instantanément dans les capillaires périphériques, de manière à empêcher l'aorte de se vider dans les veines (Palmer); ou bien, l'acide carbonique se combinera à la substance albuminoïde des globules, les rendra insolubles (Neumann, Rollett) et le contenu des gros vaisseaux paraîtra incoagulable (Hunter, Honoré).

L'influence de l'air nous est connue; et le ralentissement de la coagulation dans un vase bien plein (Scuda-

1 Pouchet, *J. de l'anat. et physiol.*, 1866, t. III, p. 1.

more, Babington), ou sous une éprouvette renversée sur le mercure[1], se comprend aussi facilement que la lenteur avec laquelle se forme une couènne de fibrine[2], après la précipitation des globules, lorsque le vase dans lequel se trouve le sang est tubulaire et froid. Un peu d'eau encore accélère la coagulation, alors que beaucoup la supprime (Scudamore); l'albumine de l'œuf ne se comporte pas autrement (V. *exp.* 54). Si on dilue le sang avec modération, les coagulums spontanés se forment vite, parce que les globules se dissolvent et répandent leur acide carbonique dans le liquide; au contraire, si on l'étend de 12 ou 15 volumes d'eau, la chaleur même ne le coagule plus, la diffusion dans l'atmosphère des gaz en dissolution aqueuse y a mis obstacle. Enfin le repos rend la coagulation inévitable, quoiqu'il la ralentisse, tandis que le battage accélère la défibrination du sang, alors que la vitesse de la circulation dans les vaisseaux en assure la fluidité.

2° Influence des sels sur la coagulation du sang ou des liquides plasmatiques.

Nous revenons constamment à notre point de départ, la coagulation du sang est due à l'acide carbonique; aussi l'on comprend l'influence de quelques millièmes de soude ou de potasse (Prevost et Dumas), l'influence des

[1] Brucke, *in British and Foreign medico-chirurg. Review.*, january 1857.

[2] Polli, *Formazione della cotenna del sangue*, Milano, 1842.

carbonates alcalins et de la bile (Hunter), l'influence de
l'ammoniaque (Richardson), dont l'action fugace ne s'oppose pas à une coagulation ultérieure. Mais d'autres
substances peuvent empêcher ou retarder la coagulation.
Muller se servait d'eau sucrée ; Hewson [1] employait le
chlorure de sodium et le nitrate de potasse ; Lecanu [2] et
M. L. Figuier le sulfate de soude en solution ou en
cristaux. Ces sels suspendent la coagulation et donnent
le temps de séparer les globules du plasma non coagulé.
Une légère addition d'eau détermine ensuite la coagulation du liquide, et démontre l'indépendance de la fibrine
et des globules sanguins.

Comment agissent les *sels neutres?* Le sulfate de soude,
par exemple, dont les solutions ne dissolvent pas la
fibrine coagulée, empêchait-il l'acide carbonique de
quitter les globules du sang, ou bien s'emparait-il de ce
gaz à mesure qu'il était déplacé par l'air, de façon à
mettre obstacle à son action coagulante? Cette dernière
supposition paraît la plus probable, bien que les globules
sanguins éprouvent une certaine modification au contact
du sel neutre.

D'abord, la fibrine d'un sang additionné de sulfate de
soude en cristaux, dans la proportion de 30 0/0, se coagule sous forme de grumeaux après un certain temps ;
donc le sel ne s'oppose que momentanément à l'action

[1] Hewson, *Exp. I. into the Properties of the Blood*, chap. i,
exp. 3, p. 13.
[2] Lecanu, *Thèse* 1837, et *Études chim. sur le sang*, 1852.

de l'acide carbonique. Ensuite, en analysant les gaz du sang, avant et après son mélange avec le sulfate de soude, on constate que la présence du sel neutre entraine une diminution portant, à la fois, sur les quantités d'acide carbonique et d'oxygène. Mais, tandis que l'oxygène disparu ne se retrouve pas, l'acide carbonique qui manque n'est que dissimulé ; car une température de 100° dans le vide, ou une solution d'acide tartrique, mettent en liberté la totalité du gaz acide renfermé primitivement dans le sang. Un tel résultat démontre l'affinité du sulfate de soude pour l'acide carbonique.

Exp. 46. — *Analyses de 100cc de sang additionné de sulfate de soude.*

	SANGS COMPARABLES.			SANGS COMPARABLES.	
	sang normal.	avec sulf. de soude.	id. chauffé à 100°.	sang normal.	avec sulf. de soude.
Oxygène $=$ 13cc,82	8,18	8,42		16,20	10,56
CO² total $=$ 52cc,82	56,55	52,65		52,75	53,09
Par la chaleur $=$ 50cc,00	20,55	49,65		49,00	24,91
Par un acide $=$ 2cc,82	36,00	3,00		3,75	58,18

SANG ADDITIONNÉ DE CARBONATE DE SOUDE. EXP. DE M. CL. BERNARD.			SANGS COMPARABLES.	
sang normal.	s. av. carbonate.		sang normal.	avec 0,001 de potasse.
O $=$ 21cc,06	16,13	O $=$ 13,09		12,07
O $=$ 15cc,06	10,72	CO² lié $=$ 33,45		27,59
O $=$ 12cc,87	8,07	CO² comb. $=$ 2,73		11,03

La quantité d'oxygène que contient le sang diminue sous l'influence du sulfate de soude ; M. Cl. Bernard [1],

[1] Cl. Bernard, *Leç. sur les liquides*, t. I, p. 376 et 378.

en analysant par l'oxyde de carbone du sang additionné de carbonate de soude, est arrivé au même résultat. La diminution s'élève à 5 ou 6^{cc} d'oxygène 0/0 ; elle implique une certaine analogie entre l'action des sels neutres et des sels alcalins. L'examen des chiffres d'acide carbonique conduit aussi à attribuer une égale influence aux sulfates et aux carbonates alcalins. Par conséquent, si le carbonate de soude empêche la coagulation du sang en s'emparant de son acide carbonique à mesure qu'il devient libre, il ne doit pas en être autrement avec le sulfate de soude, puisque son emploi diminue la quantité d'acide gazeux dégagé par le vide et une chaleur modérée, et augmente celle que déplace un acide fixe.

Les analyses suivantes de plasma obtenu artificiellement plaident dans le même sens. La quantité d'acide carbonique qui reste combiné dans ces plasmas, saturés de sulfate de soude, est assez considérable. Les variations paraissent dépendre du degré de la température à laquelle la première extraction par le vide a été faite. Dans ces expériences, comme dans les précédentes, une température trop élevée détermine une coagulation avec dégagement à peu près complet du gaz acide, renfermé primitivement dans le liquide. Cette action des sels sera élucidée dans l'étude consacrée à la coagulation de l'albumine.

Exp. 47. — *Analyse de 100cc de plasma obtenu par le sulfate de soude.*

OBTENU PAR DÉCANTATION.

CO^2 dégagé.

	1er jour.	2e jour.	3e jour.
Par la chaleur =	15cc,00	24,00	39,67
Par un acide =	24cc,00	17,00	20,00

OBTENU PAR FILTRATION.

CO^2 dégagé.

	1re heure.	2e heure.	1er jour.	2e jour.
Par la chaleur =	5cc,00	12,11	11,02	20,97
Par un acide =	11cc,66	7,22	16,50	22,50

Ainsi, l'acide carbonique se combinerait plus ou moins intimement au sulfate de soude contenu dans le liquide coagulable, et par suite, en retarderait la coagulation spontanée. Cette combinaison présente quelque analogie avec celle que MM. Schœffer et Preyer ont observée dans le sérum (V. *exp.* 35); on la constate non-seulement lorsqu'on expérimente avec du sang ou un liquide plasmatique, mais si on emploie de l'eau distillée, saturée d'un sel capable de suspendre la coagulation du sang.

Exp. 48. — *Analyse de 100cc d'une solution de sel neutre, saturée à 15° par l'acide carbonique.*

	SULFATE DE SOUDE.			CHLORURE DE SODIUM.	
CO^2 dégagé.				au 10e.	saturé.
A froid =	40cc,50	31,00	41,00	33,75	11,25
A 100° =	11cc,00	5,50	7,75	6,00	5,50
CO^2 total =	51cc,50	36,50	48,75	39,75	16,75

	Azotate de potasse.	Phosphate de soude.	Sulfate de magnésie.
CO^2 dégagé.			
A froid = 28^{cc},50	173,00	22,50	
A 100° = 20^{cc},00	90,00	0,00	
CO^2 total = 48^{cc},50	263,00	22,50	

A la même température et dans les mêmes conditions, 100^{cc} d'eau distillée ont dissous 68^{cc} d'acide carbonique.

La quantité d'acide carbonique que peut absorber de l'eau saturée de sulfate de soude, de chlorure de sodium ou d'azotate de potasse, est inférieure à celle que dissout l'eau pure à la même température. Mais tandis que l'eau perd facilement le gaz qu'elle renferme, la solution saline en retient une partie; et, dans le vide, pour recueillir tout l'acide qui a été absorbé, il faut porter le liquide à 100°, ou le *diluer* abondamment, ou y verser un acide fixe. M. Fernet [1] avait déjà remarqué que certains sels diminuent le coefficient de solubilité de l'acide carbonique dans l'eau, alors qu'ils augmentent son affinité chimique.

En classant les sels d'après leur affinité pour le gaz acide du sang, on aurait d'abord le phosphate de soude, dont le pouvoir absorbant est énorme, ensuite l'azotate de potasse, enfin le sulfate de soude et le chlorure de sodium, à peu près sur la même ligne. Cette variabilité ne paraîtra pas anormale, si l'on tient compte des différences d'énergie que présentent les bases et les acides

---

[1] Fernet, *loc. cit.*, et *J. de physiol.*, 1860, t. III, p. 185.

qui forment les composés salins ; elle explique pourquoi quelques sels retardent la coagulation plus longtemps que d'autres, et pourquoi le plus grand nombre n'exercent aucune influence sur le phénomène. L'espèce de combinaison que forme l'acide carbonique avec les solutions salines saturées permet de les comparer aux bicarbonates alcalins, qui ne retiennent qu'incomplétement leur acide carbonique dans le vide, et dont l'addition entrave cependant la coagulation du sang.

Les solutions concentrées de certains sels neutres manifestent donc une véritable affinité pour l'acide carbonique, et il n'y a pas lieu de s'étonner qu'ils puissent par leur seule présence s'opposer à l'action coagulante du gaz acide. En empêchant ou en retardant la coagulation, ils agiraient non pas comme des dissolvants de la fibrine, mais comme des corps capables de former un composé stable avec l'acide carbonique. Leur influence s'épuise avec le temps, parce que leur affinité a une limite au delà de laquelle de l'acide carbonique libre, produit par oxydation ou par déplacement, apparaît dans la liqueur coagulable. Une addition d'eau détermine une coagulation immédiate pour un motif analogue, car une solution saline étendue retient l'acide carbonique avec beaucoup moins de force qu'une solution concentrée.

Tous les sels n'agissent pas de cette manière. Les sulfates de fer et de magnésie, l'azotate d'argent et le cyano-ferrure de potassium ne sont pas susceptibles de retenir l'acide carbonique (V. *exp.* 27), mais ils ne retardent pas la coagulation du sang. Le sulfate de fer ou l'azotate d'argent altèrent simplement l'hémoglobine et diminuent le pouvoir absorbant des globules pour les gaz ; l'influence du cyano-ferrure est nulle ; quant au sulfate de magnésie, son action serait spéciale, comme celle du chlorure de sodium en poudre ; nous en parlerons à propos de la plasmine. Il est vraisemblable que la propriété de redissoudre la fibrine veineuse, ou la globuline coagulée, dont jouissent les sels neutres à base de soude ou de potasse, est due à leur affinité marquée pour l'acide carbonique ; la combinaison insoluble que forme la substance albuminoïde et le gaz acide serait détruite par le composé salin, comme elle l'est par l'ammoniaque, la potasse ou la soude caustique.

Enfin, Muller [1] a employé l'eau sucrée pour isoler par filtration le plasma du sang des grenouilles, et observer l'indépendance des globules rouges et du phénomène de la coagulation. L'influence du sucre serait identique à celle des sels neutres ; les solutions de matières sucrées montrent une certaine affinité pour l'acide carbonique, 100^{cc} de sirop, renfermant 20 de sucre pour 80 d'eau, ont absorbé jusqu'à 58^{cc} d'acide carbonique, . dont $42^{cc}50$ se sont dégagés dans le vide à la température ambiante, et $15^{cc}50$ à 100 degrés ; cette dernière quantité, par conséquent, était à un état de combinai-

---

[1] Muller, *loc. cit.*, et *Manuel de physiol.*, 1845, t. I, p. 94.

son assez intime. De plus, l'on sait que le sucre met obstacle à l'altération spontanée des globules sanguins, ce qui peut empêcher l'acide carbonique d'être déplacé au contact de l'air et de coaguler la fibrine.

Théorie de M. Schmidt ; le fibrinogène et le fibrinoplastique.

Cette théorie repose sur une série d'expériences, qui prouvent que le mélange de deux substances albuminoïdes peut déterminer une coagulation spontanée [1]. Ainsi, l'on obtient un coagulum en mélant les liquides du péricarde et de l'hydrocèle, ou bien en additionnant du plasma retiré du sang de cheval, avec les liquides de l'hydrocèle ou des plèvres, enfin une sérosité quelconque avec des globules sanguins. Les deux substances dont le mélange entraine une coagulation, les matières fibrinogène et fibrinoplastique, ont été isolées à l'aide d'un courant d'acide carbonique. Le liquide de l'hydrocèle très-étendu ou neutralisé par l'acide acétique donne le fibrinogène, substance visqueuse et gluante qui mélée à du sérum provoque une coagulation immédiate.

Ces faits très-exacts ont servi de point de départ à une ingénieuse hypothèse, exposée clairement par M. G. Sée [2]. La coagulation du sang proviendrait de la rencontre de deux composés albumineux, analogues à

---

[1] A. Schmidt, *Archiv. für. Anat. und Physiol.*, Berlin., 1861, pp. 544 et 560.

[2] G. Sée, *J. de l'anat. et physiol.*, t. II, p. 672.

ceux que renferment les liquides précédents ; le fibrinogène existerait normalement dans le plasma du sang,
tandis que les globules sanguins laisseraient échapper
la matière fibrinoplastique ou paraglobuline. Il y a lieu
d'insister avec M. Sée sur ce dernier point ; car, si les
deux substances coexistaient en dissolution dans le
plasma, on ne comprendrait plus ce qui les empêche de
réagir l'une sur l'autre pendant la vie, et le problème de la coagulation du sang ne serait pas même
abordé.

On peut déjà objecter qu'un tel mécanisme n'est pas
applicable au sang, puisque les expériences très-précises de Muller et de M. L. Figuier ont démontré que la
substance albuminoïde des globules n'est pas indispensable à la coagulation du liquide sanguin. Mais les expériences qui ont servi de base à l'hypothèse de M. Schmidt
s'expliquent facilement par un simple phénomène chimique, si l'on veut bien se rappeler que les diverses
globulines, en solution neutre, sont coagulées immédiatement par l'acide carbonique. Le mélange des deux substances désignées modifierait simplement l'affinité des
sels pour le gaz acide, dissous à leur faveur, et il en
résulterait d'abord la libération d'une partie de l'acide
carbonique que contiennent toutes les sécrétions de l'économie, ensuite une coagulation. Le mécanisme de la
formation de ce coagulum présenterait quelque analogie
avec celui que l'on observe dans la coagulation spontanée du sang à l'air, l'acide carbonique à l'état de com-

binaison serait déplacé, là, par l'oxygène ambiant, ici, par suite du mélange lui-même.

Pour préciser davantage, examinons ce qui se passe dans ces diverses expériences. Par exemple, l'addition du liquide péricardique de l'homme à une liqueur albumineuse quelconque produit un coagulum ; mais celui-ci s'explique par ce seul fait que le liquide du péricarde a une réaction légèrement *acide,* lorsqu'il provient d'un cadavre, c'est-à-dire d'un sujet mort depuis 24 ou 36 heures. Cette acidité est plus marquée en été qu'en hiver, et elle parait due au voisinage du tissu musculaire du cœur, devenu acide en même temps que rigide, et qui communique ce caractère au liquide dans lequel il macère. Le mélange de deux liqueurs dont l'une est acide, l'autre alcaline, produit une neutralisation et par suite, favorise l'action de l'acide carbonique associé à la matière albumineuse. Quant aux sérosités péricardiques du bœuf et du mouton, elles ne sont pas acides immédiatement après la mort ; mais, en les mélant à du sérum ou au liquide de l'hydrocèle, on n'observe que leur coagulation propre, qui est tardive ordinairement et qui devient immédiate par simple dilution. Cependant le coagulum obtenu peut être plus abondant, parce que le liquide que l'on ajoute renferme beaucoup d'acide carbonique, accumulé par oxydation lente au contact de l'air.

Le plasma de cheval et les liquides de l'hydrocèle ou des plèvres amènent aussi par leur mélange une coagulation très-rapide. Mais le plasma renferme de la fibrine, prête à se coaguler, dès que l'acide carbonique sera en quantité suffisante ; et les sérosités de l'hydrocèle ou des plèvres en contiennent une proportion considérable.

Exp. 49. — *Analyse des gaz de* 100cc *de sérosités pathologiques.*

LIQUIDES DE L'HYDROCÈLE.					LIQUIDES DES PLÈVRES.		
$CO_2 =$ 53cc,25	47,60	43,60	39,20	49,28	31,72	30,00	31,50

L'addition des globules sanguins à une sérosité animale détermine encore une précipitation, dont on saisit le mode de formation, puisque les globules rouges pendant le temps que l'on met à les séparer se saturent d'acide carbonique, dont une partie devient libre, après le mélange des globules et de la liqueur albumineuse. Un magma de globules renferme plusieurs fois son volume de gaz acide, produit par oxydation spontanée.

Enfin, en faisant passer un courant d'acide carbonique dans le liquide de l'hydrocèle, très-dilué ou neutralisé par l'acide acétique, on obtient une matière gluante qui mêlée au sérum y provoque une coagulation. Celle-ci résulterait soit de la réaction légèrement acide de la paraglobuline, soit de l'excès d'acide carbonique qu'elle retient ; de l'albumine visqueuse peut absorber jusqu'à 233cc d'acide carbonique 0/0. Le mélange de la substance fibrinoplastique et du sérum tend, à la fois, à neutraliser la liqueur et à la saturer de gaz acide ; et l'on sait

que le sérum comme les liquides de l'hydrocèle, des
plèvres, etc., précipite à la longue par l'acide carbonique gazeux. Le précipité obtenu directement n'est pas
très-abondant, parce que les liquides sont alcalins;
mais, lorsqu'ils ont été neutralisés ou privés par le vide
des sels volatils qu'ils contiennent, la précipitation est à
peu près complète; leur albumine s'est transformée en
globuline, coagulable à froid par l'acide carbonique.
(*V.* page 239.)

La différence que l'on a tenté d'établir entre la globuline coagulable par la chaleur, et la paraglobuline qui
ne l'est pas, dépendrait de la quantité relative de sels
ammoniacaux contenus dans la substance. Après l'action prolongée d'un courant d'acide carbonique sur une
sérosité animale, la paraglobuline ou le précipité obtenu
est neutre ou acide. Si on l'isole, il se redissout dans
l'eau aérée, mais la solution ne se coagule pas sous l'influence de la chaleur, précisément parce que cette solution non alcaline perd son acide carbonique avant que
la température de coagulation soit atteinte. Cependant,
en lui rendant de l'alcalinité au moyen d'une trace de
carbonate d'ammoniaque, la chaleur ne produit plus le
départ de l'acide gazeux et la coagulation s'effectue à
une température variable, suivant la quantité de sel ammoniacal qu'on y a mis. Remarquons qu'une addition trop
forte empêche encore la formation du coagulum, mais
l'ébullition enlèvera l'excès d'alcali volatil et quelques
bulles d'acide carbonique feront apparaître le précipité.

Le degré d'alcalinité des substances mises en présence, le volume d'acide carbonique qu'elles renferment, la quantité d'eau dont on les additionne, et probablement l'action réciproque des sels les uns sur les autres, sont autant de circonstances qui servent à comprendre pourquoi le mélange de deux sérosités produit une coagulation. Le phénomène est purement chimique et il est dû à l'acide carbonique, contenu normalement dans les liqueurs albumineuses que l'on fait intervenir.

3° La plasmine et son dédoublement.

Le procédé de Denis [1] pour séparer la plasmine comprend deux opérations : 1° empêcher la coagulation du sang en l'additionnant de sulfate de soude ; 2° isoler la substance au moyen du chlorure de sodium en poudre. Le précipité est soluble dans l'eau et spontanément sa dissolution se dédouble en fibrine concrète, modifiée, et en fibrine dissoute pure. Les expressions concrète et dissoute sont synonymes de coagulée et de non coagulée ; quant aux termes : modifiée et pure, ils signifient que le coagulum donné par la fibrine modifiée (fibrine artérielle) est insoluble dans divers réactifs, le chlorure de sodium au 10°, l'azotate de potasse ou l'acide chlorhydrique affaibli ; tandis que le coagulum de fibrine pure (fibrine veineuse) disparaît dans les mêmes dissolvants.

Après avoir constaté que la plasmine est formée de

[1] Denis, *Mém. sur le sang*, 1859, p. 30.

deux substances, Denis a admis qu'elle existait pendant la vie, à l'état fluide ; mais il se tait sur la cause qui l'empêche de se dédoubler dans l'intérieur des vaisseaux, en fibrine coagulée et en fibrine dissoute. M. Robin [1], qui adopte l'opinion du médecin de Commercy, pense que l'intégrité des parois vasculaires constitue l'obstacle qui s'oppose à son dédoublement. M. G. Sée [2], tout en cherchant à concilier les deux théories du fibrinogène et de la plasmine, croit aussi que c'est la paroi vasculaire qui détruit l'une des substances et qui empêche la coagulation spontanée dans les vaisseaux. Mais cette interprétation est peu satisfaisante ; car, si des coagulations s'observent souvent lorsque les parois vasculaires sont altérées, les observations ne manquent pas dans lesquelles on a trouvé les artères athéromateuses ou calcifiées, sans que le vaisseau soit oblitéré par un coagulum. Bichat [3] assure que sur dix vieillards, il y en a au moins sept qui présentent des incrustations ; une altération profonde des parois vasculaires n'est donc pas incompatible avec la fluidité du sang.

Nous ne contestons nullement les belles expériences de Denis ; en suivant le procédé qu'il indique, on obtient la plasmine et on constate son dédoublement ; en opérant sur du sérum avec le sulfate de magnésie en poudre, on précipite encore la fibrine dissoute. Mais on doit

---

[1] Robin, *Leç. sur les humeurs*, 1867, p. 154 et suiv.
[2] G. Sée, *loc. cit.*, p. 676.
[3] Bichat, *Anat. gén.*, t. II, p. 292.

remarquer que le chlorure de sodium ou le sulfate de magnésie en excès rendent insolubles, non-seulement la fibrine et la plasmine, mais la globuline, la caséine et même l'albumine, après l'extraction des sels volatils qu'elle renferme. Il n'est donc pas impossible que le même réactif précipite deux substances, jouissant de propriétés différentes et qui se sépareront par la suite.

De plus, lorsque la plasmine se coagule spontanément, l'acide carbonique est intervenu, car la plasmine concrète, comme la fibrine, dégage sous l'influence d'un acide fixe une certaine quantité de gaz acide, que l'on dose facilement dans le vide. La coagulation spontanée de la plasmine elle-même ne s'observe qu'en reprenant le précipité par l'eau, après une élimination plus ou moins complète du sulfate de soude et du chlorure de sodium qui ont servi à la préparer. Le rôle de ces sels ne se borne donc pas à isoler la matière coagulable à l'état soluble, comme le pensait Denis ; il consiste surtout à suspendre l'action de l'acide carbonique. Les expériences 46, 47 et 48 établissent, en effet, que ces sels en solution concentrée s'emparent de l'acide carbonique pour l'abandonner lorsqu'on les dilue.

Enfin, l'existence de la plasmine dans le sang à l'état de substance copulée n'est démontrée par aucune autre expérience. Le sang veineux des reins, qui ne renfermerait que de la plasmine d'après M. Sée, donne de la fibrine ordinaire en présence de l'acide carbonique, et c'est l'élimination de ce gaz par les urines qui le rend moins coagulable. (V. *exp.* 8 et 30.)

Du reste, Denis avait entrevu l'influence des gaz dans la coagulation du sang; nous reproduisons ses conclusions [1] : « Il est une cause, selon moi, partie chimique, partie physiologique, qui paraît intervenir.... Cette cause réside d'une part dans les globules eux-mêmes... d'autre part dans l'absence, la présence ou la différente nature des gaz du sang.... La plasmine devenant fibrine se transforme : 1° en *fibrine modifiée* (artérielle), quand les globules sont chargés d'oxygène....; 2° en *fibrine pure* (veineuse)....; 3° enfin, en fibrine pure mélangée de beaucoup de *globuline*, quand les globules du sang veineux restent longtemps en contact avec cette plasmine, environnée d'acide carbonique, la coagulation s'opérant dans un repos parfait. »

§ **Analogies entre la fibrine et la globuline.**

Le fait principal qui ressort du travail de Denis, c'est que la fibrine veineuse, fibrine concrète pure, n'est pas identique à la fibrine artérielle ou fibrine concrète mo_difiée. La première est soluble dans certains réactifs, la seconde ne l'est pas; celle-ci a une texture fibrillaire et celle-là une apparence granuleuse.

Cependant, il ne faudrait pas être trop absolu dans la distinction à faire entre les deux variétés de fibrine. Les caillots obtenus spontanément à l'air, quelle que soit l'o-

[1] Denis, *loc. cit.*, p. 142.

rigine du sang, sont tellement constitués qu'il est plus exact de dire que la fibrine soluble domine dans le sang veineux et la fibrine insoluble dans le sang artériel. Cent grammes de sang artériel de bœuf, coagulé et lavé avec de l'eau aérée, perdent davantage que le même poids traité aussi longtemps par de l'eau saturée d'acide carbonique. La fibrine incolore et exprimée, laissée par le premier caillot, pesait 32^{gr}18 ; tandis que le résidu fibrineux, obtenu par le lavage à l'eau désaérée par l'acide carbonique, pesait 52^{gr}46 ; différence 20 grammes. Or, c'est une propriété de la *globuline coagulée* de disparaître sous l'influence de l'air.

Un caillot ordinaire de sang artériel contient donc près de la moitié de son poids de globuline, et un caillot de sang veineux en contiendrait davantage d'après Denis.

Qu'est-ce que cette globuline, dont nous nous sommes déjà entretenus en discutant la théorie de M. Schmidt ? Pour Berzelius, Lehmann et Denis, c'était un composé albumineux qu'ils retiraient des globules sanguins, tantôt à l'état soluble, tantôt à l'état insoluble ; mais, par extension et d'après les travaux les plus récents [1], on a appliqué ce nom à toute substance albuminoïde, capable de précipiter par l'acide carbonique à la température ordinaire, et de se redissoudre au contact d'un courant d'air. Une telle substance existe non-seulement dans les

---

[1] Wurtz, *Dict. de chimie*, art. GLOBULINE.

globules sanguins et dans l'hémoglobine (Fünke), mais dans presque tous les liquides organiques. Le sérum et l'albumine de l'œuf, privés de leurs produits volatils (sels ammoniacaux), se transforment en globuline; la fibrine coagulée et insoluble, dépouillée de son acide carbonique par l'ammoniaque et la dessiccation, régénère de la globuline, et la fibrine soluble ou veineuse proprement dite ne s'en distingue pas.

Le précipité de globuline décompose l'eau oxygénée et disparaît dans les dissolvants spéciaux de la fibrine veineuse. Denis, le premier, paraît avoir observé que le coagulum obtenu à froid, immergé dans l'eau bouillante ou l'alcool, se transforme en globuline insoluble, de la même manière que la fibrine soluble devient fibrine insoluble ou artérielle dans les mêmes circonstances. Aussi Denis a-t-il distingué deux globulines, modifiée et pure, dissoute et concrète, comme il avait distingué deux fibrines. Enfin, la globuline coagulée par l'acide carbonique à la température ordinaire est granuleuse, tandis que coagulée directement à chaud, elle tend à devenir fibrillaire comme la fibrine artérielle.

Par conséquent, la fibrine et la globuline se rapprocheraient par leurs propriétés physiques et par leurs caractères chimiques, de sorte que l'on doit admettre une grande analogie, sinon une identité complète, entre les deux substances.

Ce rapprochement est d'autant mieux justifié, que de nombreuses observations établissent un rapport mani-

feste entre l'augmentation de la fibrine dans le sang et
la destruction des globules sanguins. Les recherches
d'hématologie les plus précises montrent que le poids
des globules rouges diminue, alors que la quantité de
fibrine augmente, dans la plupart des affections aiguës
ou chroniques [1]. La détermination du pouvoir absorbant
du sang, pour l'oxygène pendant les maladies, conduit
encore au même résultat. Pour ne pas citer des exemples
qui nous entraineraient hors de notre sujet, nous ren-
verrons à la dernière expérience du tableau 39, ayant
trait à un pneumonique. Cette expérience indique,
comme capacité du sang pour l'oxygène, 14^{cc} pendant
la période fébrile de la pneumonie, c'est-à-dire une diminution des globules s'élevant au tiers, l'état normal
étant représenté par 21 ou 24^{cc} 0/0. Or, le sang des
pneumoniques est remarquable par la quantité de fibrine
qu'il renferme.

Chez un autre sujet atteint de pneumonie, nous avons
trouvé les organes de l'hématose également altérés.
100^{cc} de sang, pris à l'aide d'une ventouse, absorbaient
$12^{cc}50$ d'oxygène ; la moitié environ de ce que le sang
absorbe à l'état physiologique. Peu après l'apparition
des râles crépitants de retour, les globules d'un même
volume de sang ont absorbé 16^{cc} d'oxygène; le malade
était en bonne voie de guérison. Cette diminution du
pouvoir absorbant du sang dans la pneumonie n'a rien

<hr>

[1] Becquerel et Rodier, *loc. cit.*, p. 618.

d'anormal, si l'on se reporte à son étiologie ; l'affection
se développe pendant la saison froide ; elle se rattache
à des refroidissements et à une suppression momentanée
des fonctions de la peau, cause certaine d'altération des
globules sanguins. (V. *exp.* 32).

Avec du sang défibriné, on peut aussi acquérir la
preuve d'une relation entre la destruction des globules
rouges et l'apparition de la fibrine. Du sang défibriné
par battage, abandonné à l'air, présente souvent une seconde coagulation [1], et cette nouvelle formation de
matière coagulable coïncide avec la disparition d'une
grande partie des globules sanguins. Les expériences 25
et 40 prouvent, en effet, que la conservation à l'air
diminue peu à peu la quantité d'oxygène absorbé par le
sang, ce qui implique une destruction graduelle des
organes fixateurs de l'oxygène.

Enfin, M. His [2] a obtenu des coagulums fibrineux en
faisant agir un courant d'ozone sur du sang défibriné,
et Schœnbein [3] en employant de l'eau oxygénée. Le développement d'une substance spontanément coagulable
dans du sang privé de sa fibrine s'accompagne encore
de la destruction des globules, comme le prouve non-
seulement la décoloration complète de l'hémoglobine par
l'action soutenue du liquide ozonisé (Schœnbein), mais
l'examen histologique du sang ; d'après M. Schmidt [4],

1 Cl. Bernard, *Liquides de l'organisme*, t. I, p. 457.
2 His, *J. de physiol.*, 1858, t. I, p. 634.
3 Scœnbein, *J. de l'anat. et physiol.*, 1866, t. III, p. 95.
4 Schmidt, *Virchow's arch.*, t. XXXI, p. 29.

l'ozone comme l'électricité détruit les globules sanguins. M. Smée [1], en cherchant à démontrer que la
fibrine est de l'albumine oxydée, a constaté également
des flocons fibrineux après l'action de l'oxygène ordinaire sur du sang défibriné et maintenu à 37 ou 38°.

Il semble donc, d'après cette série de faits, que la
fibrine dissoute dans le plasma sanguin provienne, au
moins en partie, de la liquéfaction des globules rouges
et de la globuline qui entre dans leur composition.

§ Transformation de la fibrine artérielle en fibrine veineuse ou diffluente.

Les caractères chimiques, indiqués par Denis, permettent de séparer la fibrine veineuse et la fibrine artérielle ; mais la distinction est beaucoup plus ancienne.
La mollesse et la diffluence du caillot de sang noir, son
manque de rétraction et la lenteur avec laquelle il se
forme, sont autant de propriétés physiques invoquées
depuis longtemps pour différencier les deux variétés de
fibrine.

On a vu pourquoi le sang des veines se coagule moins
vite que celui des artères, bien qu'il renferme davantage d'acide carbonique ; l'alcalinité plus prononcée du
liquide veineux explique en grande partie le retard
qu'éprouve sa coagulation. Nous pensons qu'elle justifie
également la mollesse de son caillot, car il suffit d'une

[1] Smée, *Proceedings of the Royal Society*, t. XII, p. 399.

addition très-légère d'alcali pour modifier les caractères d'un coagulum, un peu plus ou un peu moins d'ammoniaque le rendant très-soluble ou réfractaire à la dissolution. Mais, dans certaines conditions, la coagulation tardive et la diffluence paraissent indépendantes; ensuite les mêmes modifications se lient souvent à un état pathologique du sang. Nous examinerons donc, spécialement, les circonstances qui influent sur la consistance de la fibrine.

Par exemple, si l'on prend du sang, si on le divise en deux parties et si l'une est mise dans une atmosphère d'acide carbonique, l'autre étant laissée à l'air libre dans un vase d'égales dimensions, on constate que la première donne un caillot mou et diffluent, comme celui des animaux asphyxiés, tandis que la seconde présente un caillot compacte, adhérant au vase qui le contient. La différence est surtout sensible, si l'on emploie du sang artériel dont on a chassé l'acide carbonique par exosmose, à l'aide d'une membrane animale humide (intestin de poulet fixé à l'artère). Dans ce cas, l'extrême lenteur avec laquelle le coagulum se forme à l'air permet de suivre le phénomène de très-près. Des caillots apparaissent plus tôt dans l'acide carbonique, mais ils nagent dans un liquide foncé, de sorte que la coagulation peut y paraître incomplète, alors qu'elle a envahi la totalité du liquide exposé à l'air libre. Cependant les deux portions de sang que l'on a traitées étaient identiques ; mais la différence des gaz, laissés à leur contact, a suffi pour modifier l'apparence et la texture de la matière coagulée. Il semble que l'acide carbonique nécessaire à la solidification de la fibrine, formé par oxydation spontanée ou libéré par l'oxygène ambiant, soit plus actif que celui qui a été préparé chimiquement.

D'un autre côté, le sang des artères donne de la fibrine veineuse ou de la globuline, lorsqu'on pratique à un chien des saignées journalières, mais en lui transfusant défibriné le sang qu'on lui a enlevé, Magendie[1] et M. Cl. Bernard[2] ont rapporté des expériences de ce genre. La fibrine retirée par battage était normale au début de l'expérience; bientôt elle devenait gélatiniforme et, dans les derniers jours de la vie, la gelée mise dans l'eau et abandonnée à l'air se liquéfiait spontanément. Quelle était l'origine de ces diverses transformations?

Suivant Denis, dont nous avons cité les paroles, la différence entre la fibrine veineuse et la fibrine artérielle serait due à l'oxygène, fixé aux globules rouges et à l'état d'ozone d'après Schœnbein[3] et conformément aux recherches plus récentes de MM. Schutzenberger et Risler[4]. Pour nous, elle dépendrait surtout du degré d'alcalinité du sang; un sang plus alcalin donnant de la fibrine veineuse, un sang moins alcalin de la fibrine

---

[1] Magendie, *Ph. phys. de la vie*, 1837, t. III, p. 376.
[2] Cl. Bernard, *Liq. de l'organisme*, t. I, pp. 465 et 454.
[3] Schœnbein, *loc. cit.*, et *Revue scientif.*, 1865, t. II, p. 762.
[4] Schutzenberger et Risler, *C. r. Acad. sc.*, Paris, 27 fév. 1873.

artérielle. Mais l'alcalinité du liquide serait subordonnée à son artérialisation et aux oxydations qui s'y passent. L'acide carbonique serait toujours la cause effective de la coagulation, puisque l'absence de ce gaz la retarde indéfiniment, tandis que sa présence la détermine ; mais l'action simultanée de l'oxygène et de l'acide carbonique aurait une influence directe sur la constitution du coagulum. Les oxydations qu'entraine le contact de l'oxygène et du sang, avant comme après la formation du caillot (V. *exp.* 1 et 7), produiraient tantôt une diminution, tantôt une augmentation d'alcalinité, parce que le sang est un liquide complexe qui renferme des éléments hydro-carbonés et azotés : les premiers donnant naissance par oxydation à des acides organiques, les seconds à des composés ammoniacaux.

On se rend compte de l'influence de l'oxygène sur les variations de l'alcalinité du sang et sur les modifications de sa fibrine, lorsqu'on recherche les motifs de ces changements aux deux extrémités de l'appareil circulatoire. A l'état physiologique, la fibrine veineuse se convertit en fibrine artérielle dans les poumons, parce que le sang plus alcalin des veines est neutralisé : 1° par l'acide lactique qui résulte de la destruction de la matière sucrée (Cl. Bernard) ; 2° par l'acide pneumique qui se trouve dans les tissus pulmonaires (Verdeil) ; 3° par une légère exhalation de carbonate d'ammoniaque (Lossen). Au delà des voies respiratoires et des artères, l'alcalinité du liquide augmente parce que les acides organiques, introduits dans le sang, sont brûlés et détruits en partie, pendant qu'une faible quantité d'ammoniaque, produit accessoire de la destruction des matières azotées dans l'organisme, est déversée dans les capillaires généraux et dans le sang noir, pour être neutralisée au moment de l'artérialisation (*V.* page 197).

Le caillot du sang des asphyxiés serait mou et diffluent, parce que la neutralisation qui se produit normalement dans les voies pulmonaires ne peut plus avoir lieu. Celui qui résulte de l'action directe de l'acide carbonique sur un sang rendu incoagulable par exosmose se trouverait dans les mêmes conditions, parce que les corps hydrocarbonés, contenus dans le sang artériel, ont été détruits à la suite de la suroxygénation provoquée par l'exosmose. On en acquiert la preuve si l'on prépare du sang incoagulable par l'oxyde de carbone et l'ammoniaque, que l'on chasse ensuite par la distillation dans le vide (*V.* page 17). L'oxyde de carbone, en éliminant l'oxygène des globules sanguins, a empêché toute oxydation subséquente, et le caillot obtenu directement dans une atmosphère d'acide carbonique est compacte et résistant, comme un caillot de sang artériel.

A l'état pathologique, des différences analogues à celles que présente le sang veineux normal ont été constatées, mais beaucoup plus prononcées. Ainsi, dans les maladies infectieuses, à la suite desquelles on a reconnu un état poisseux du sang ou une grande diffluence des caillots, on a signalé une alcalinité très-marquée du liquide [1], une diminution des sels fixes et une augmentation des sels ammoniacaux [2]; ceux-ci ont même été indiqués parmi les produits de l'expiration [3]. L'origine des sels volatils qui diminuent la consistance des caillots sanguins dans les maladies se rattacherait encore à des oxydations et à des dédoublements, mais portant sur les substances albuminoïdes des tissus et du sang. On le vérifie directement en introduisant du sang dans un ballon vide, dont le bec effilé a été rompu dans une artère. Le caillot artériel, compacte et élastique, formé dans le ballon au contact de l'air qu'on a laissé rentrer, disparaît peu à peu ; il devient mou et visqueux ; puis il se liquéfie complétement. Cette redissolution coïncide avec l'absorption de l'oxygène renfermé dans le ballon, et elle est due à l'influence de l'ammoniaque qui a pris naissance, et qui se produit toujours en abondance, lorsque l'on conserve à l'air du sang défibriné (V. *exp.* 25 et 26).

Enfin, la transformation de la fibrine artérielle en globuline par défibrination du sang d'un animal vivant se rattache sûrement à une altération des hématies, comparable à celle qui caractérise les affections cachectiques (V. *exp.* 32, 39 et 41), puisque l'on voit les globules rouges nageant dans le sérum tomber à la partie déclive

---

[1] Cahen, *C. r. Acad. de médecine*, 2 juillet 1850.
[2] Lehmann, *Chimie physiol.*, pp. 141 et 142.
[3] Jaksch, *Gaz. hebd.*, 1860, et *Wiederhold Deutsche klinik*, 1858, n° 18.

des vaisseaux et provoquer des stases et des obstructions capillaires (Poiseuille), alors qu'il est avéré que la simple défibrination met obstacle à la précipitation des globules. Or, toutes les altérations cachectiques impliquent la destruction des corps hydrocarbonés ou du sucre dans l'organisme [1] ; les oxydations qui persistent aussi long-temps que la vie (V. *exp.* 50) porteront donc à la fin sur le carbone des substances albuminoïdes, d'où l'apparition des sels ammoniacaux en excès et la diffluence des caillots sanguins. La globuline coagulée, abandonnée à l'air au fond du liquide qui la recouvre, tend aussi à se re-dissoudre, comme le coagulum gélatineux donné par le sang des animaux sur lesquels expérimentait Magendie, parce que c'est une propriété de la globuline de se redis-soudre sous l'influence de l'air.

La consistance d'un caillot sanguin dépendrait donc de la quantité des sels alcalins renfermés dans le sang ; hypothèse qui n'est pas en désaccord avec celle de Denis, puisque la fermeté de la fibrine artérielle pro-viendrait d'une neutralisation relative se produisant au moment de l'oxygénation du sang dans les voies aé-riennes.

Nous ne saurions insister davantage sur les causes de ces différences ; des expériences très-précises sont déli-cates à répéter. Mais on peut conclure que la globuline, la fibrine veineuse et la fibrine artérielle, sont les trois

---

[1] Cl. Bernard, *Physiol. exp.*, 1855, t. 1, p 85.

termes d'une série de transformations de la même substance, coagulable par l'acide carbonique dans des circonstances déterminées, et que le passage de l'une à l'autre paraît dépendre du degré d'artérialisation du sang et de son alcalinité.

DEUXIÈME PARTIE.

COAGULATION MUSCULAIRE OU RIGIDITÉ CADAVÉRIQUE.

La coagulation du sang que nous venons d'étudier est un phénomène cadavérique, au même titre que la coagulation ou rigidité musculaire. Toutes deux s'observent après l'arrêt de la circulation, et la substance coagulable des muscles, la myosine, est considérée par les physiologistes comme une simple variété de fibrine [1]. Cette conformité se retrouve jusque dans le mécanisme de leur coagulation.

La conclusion à laquelle nous a conduits cette seconde étude est la suivante : Pendant la vie, l'acide carbonique, produit ultime des oxydations interstitielles, est repris par la circulation et rejeté hors de l'organisme ; après la mort, cette élimination ne pouvant plus avoir lieu, de l'acide carbonique, formé par lente oxydation à l'air, s'accumule dans les tissus et détermine à un moment donné la coagulation du suc musculaire ou de la myosine.

[1] Brücke, *Muller's arch.*, 1842, p. 178.

Le gaz acide provenant des combustions organiques serait l'agent de la coagulation de la fibrine du sang et de la fibrine musculaire. L'accumulation de l'acide carbonique dans le sang, après l'occlusion des voies respiratoires, produit les coagulums de l'asphyxie, comme l'accumulation de l'acide carbonique dans les tissus, par arrêt de la circulation sanguine, produit la rigidité des muscles. Enfin, de même que l'hématose artérielle qui a lieu dans les poumons empêche la coagulation du sang pendant la vie, de même l'hématose veineuse qui s'exerce dans la profondeur des organes empêche la coagulation musculaire.

Nous démontrerons : 1° que la rigidité est précédée d'oxydations donnant naissance à de l'acide carbonique ; 2° que ce gaz est la cause de la coagulation musculaire qui se produit, indifféremment, dans un milieu acide ou alcalin ; 3° que l'acide carbonique ne peut s'accumuler dans les tissus, tant que la circulation subsiste.

CHAPITRE Ier.

La rigidité est précédée d'oxydations donnant naissance à de l'acide carbonique.

Plusieurs faits établissent une relation entre l'intensité des combustions organiques, avant la mort, et l'apparition rapide de la rigidité cadavérique. Ainsi, M. Brown-Sequard [1] observe que les animaux surmenés, dont les dernières oxydations ont été excessives, entrent en rigidité et en putréfaction après un temps très-court, lorsqu'on les abat immédiatement. Ensuite, sur les champs de bataille, il est de notoriété que l'on trouve des sujets frappés pendant l'action, rigides et ayant conservé leur position de chute. Enfin, après les maladies fébriles, elle passe encore pour se produire très-vite.

Afin de citer un exemple reposant sur des données expérimentales, nous rappellerons qu'un animal dont on élève artificiellement la température brûle dans ses capillaires presque tout l'oxygène que contient son sang artériel (V. *exp.* 2 et 43) ; la mort qui survient quand la température rectale atteint 45° est causée par la rigidité du cœur [2], bientôt suivie de celle des autres muscles [3].

L'activité des oxydations qui précèdent la cessation de la vie paraît donc hâter le développement de la rigidité. Mais on peut tirer d'autres résultats de l'expérience précédente ; car, en variant le mode d'application du calorique, on suit en quelque sorte les altérations qui se passent dans le tissu musculaire en voie de coagulation. Lorsqu'on expose le ventre d'un animal à une chaleur rayonnante très-vive, la coagulation ou la rigidité des

[1] Brown-Sequard, *J. de physiol.*, 1861, t. IV, p. 273.
[2] Cl. Bernard, *Revue scientif.*, 1871, p. 184.
[3] Vallin, *Arch. g. de médecine*, 1870 et 1871.

muscles thoraciques et abdominaux précède celle du
cœur ; le sujet meurt par immobilisation des côtes, dès
que sa température superficielle atteint 45°, bien avant
que sa température interne s'élève au même degré
(V. *exp.* 43). En observant les transformations du tissu
musculaire, on voit la réaction alcaline, normale, constatée au début de l'expérience, devenir acide à mesure
que la température s'accroît. Cette acidité est très-prononcée au moment où disparaît la contractilité du muscle
et où se produit la coagulation.

Dans cette expérience, une réaction acide précède la
coagulation des muscles ; on pouvait donc penser que les
phénomènes d'oxydation intime avaient pour conséquence d'abord la production d'un acide, ensuite la rigidité, survenue à 45° au contact de cet acide. Ces faits
ont été rapportés dans une précédente étude sur les gaz
du sang [1] ; l'ordre dans lequel ils se succèdent est constant, mais leur interprétation avait besoin d'être con-
trôlée.

Partant de cette idée que la coagulation musculaire
était la suite probable d'une oxydation, nous avons pris
deux portions de muscle, l'une a été portée à 45° à l'air,
l'autre à 50° dans le vide. La première est devenue acide
et rigide en quelques minutes ; la seconde, après une
demi-heure ou une heure, était encore souple et neutre,
surtout au centre du fragment musculaire. Le résultat

[1] *Arch. de physiol.*, 1872, t. IV, p. 461.

est d'autant plus net que la mort de l'animal auquel on emprunte le tissu est plus récente. En expérimentant sur les membres dénudés de petits animaux, la différence entre le membre rigide et celui qui ne l'est pas est peut-être plus appréciable.

Le vide empêchait ou tout au moins retardait la coagulation des muscles ; dès lors, le développement de la rigidité due à la chaleur provenait d'un travail d'oxydation ; car, parmi les gaz de l'atmosphère, il n'y a que l'oxygène qui soit actif et dont l'intervention puisse expliquer la formation de l'acide qui accompagne la coagulation.

La rigidité spontanée, comme la rigidité provoquée par l'action de la chaleur, est attribuée à la coagulation de la myosine, devenue acide [1] et transformée en syntonine, la différence entre les deux coagulations consistant dans l'apparition brusque de la première à 45°, tandis que la seconde se produit lentement à l'air. L'oxydation qui s'observe dans la rigidité provoquée devait donc se retrouver dans la spontanée. On le vérifie en expérimentant sur de petits animaux, conservés après leur mort, comparativement à l'air libre et dans le vide.

Lorsqu'un rat ou une souris meurt dans le vide, la rigidité cadavérique ne se produit pas après plusieurs heures, même en été, tandis qu'elle se fait attendre une heure à peine à l'extérieur. Pendant la saison froide, la

[1] Du Bois-Reymond, *Monatsberichte der Berlin Akadem.*, 1859, p. 228.

coagulation est moins rapide, mais l'absence de l'oxygène atmosphérique ou le vide retarde encore son apparition. Comme moyen de contrôle, si l'on expose au dehors l'animal asphyxié dans l'appareil pneumatique et non rigide, la rigidité ne tarde pas à apparaître, bien que le phénomène exige pour se produire un temps plus long que si le vide n'est pas intervenu. Dans cette expérience, il y a avantage à scarifier la peau de l'animal avant de l'introduire dans l'appareil ; on évite ainsi un boursouflement très-gênant de la peau.

La rigidité, cependant, envahit le corps d'un petit animal *conservé à l'abri de l'air,* mais après un temps relativement long. L'acidité des muscles et leur coagulation se lient, alors, à une décomposition de la matière organique, reconnaissable à un dégagement d'*hydrogène* et d'acide carbonique. La pompe à mercure permet de recueillir ces gaz, dans la proportion de 1 d'hydrogène pour 10 ou 12 d'acide carbonique. La présence de ces produits gazeux ne se rattache pas à un phénomène de putridité, car ils apparaissent sans que l'animal conservé dans le vide devienne fétide, et sans que celui qui sert de terme de comparaison à l'air soit déjà altéré. De plus, l'acidité des muscles est très-prononcée, tandis que la fermentation putride est alcaline.

Ce dégagement d'hydrogène et d'acide carbonique, survenu dans les 24 heures pendant l'été, prouve que la substance musculaire a trouvé dans la dissociation de l'un de ses éléments l'oxygène nécessaire à sa coagulation, puisque le retard apporté par le vide au développement de la rigidité ne s'explique que par l'élimination à peu près complète de l'oxygène ambiant. Les conditions de la coagulation musculaire seraient donc identiques, qu'il s'agisse d'un cadavre abandonné à l'air ou d'une portion de muscle immergée dans l'eau chaude.

Cet oxygène, indispensable au développement de la rigidité spontanée, proviendrait du milieu ambiant et se dialyserait au travers de la peau. La rigidité, en effet, apparaît plutôt dans les muscles superficiels; d'après Sommer [1], elle commence toujours au cou, qui est accessible à l'air par l'extérieur et par le larynx. D'une manière générale, elle se développe plus vite en été qu'en hiver, parce que les oxydations sont plus actives pendant la saison chaude. Quant à la possibilité d'une dialyse au travers des muqueuses et de la peau, les expériences directes prouvent que toutes les membranes animales humides se laissent traverser par les gaz, l'eau qui les imbibe servant de conducteur [2], comme dans les expériences de Magendie sur l'absorption des sels solubles par imbibition des tissus [3]. Les corps gras eux-mêmes ne mettent point obstacle au passage de l'oxygène, bien qu'ils s'opposent à la diffusion de l'acide carbonique dans l'atmosphère (V. *exp.* 36 et 44).

---

[1] Sommer, *De signis mortis hominis*, Copenhague, 1833.
[2] Graham, v. Odling, *Revue scientif.*, 1867, t. IV, p. 403.
[3] Magendie, *Ph. phys. de la vie*, t. II, p. 277.

La rigidité, comme la putréfaction qui lui fait suite, se rattache donc à une absorption d'oxygène. Mais il ne faudrait pas en conclure que le meilleur moyen de conserver un cadavre consiste à le mettre à l'abri des gaz ambiants, à l'aide d'un vernis protecteur par exemple. Les cellules qui constituent les tissus animaux jouissent de la propriété d'absorber l'oxygène, et lorsque ce gaz leur fait défaut, elles l'empruntent aux composés organiques, qu'elles décomposent à la manière des ferments qui vivent et respirent à l'abri des gaz de l'atmosphère[1]. Les liquides conservateurs doivent surtout modifier ou faire disparaître cette tendance à absorber l'oxygène, propre à tous les tissus organisés.

§ Les oxydations intra-musculaires portent normalement sur des corps hydrocarbonnés.

Sur quelle substance portait l'oxydation qui précède la coagulation des muscles? Des expériences directes étaient à peu près impossibles, la composition du tissu musculaire étant de nature fort complexe. Mais il existe un liquide organique, le lait, qui se coagule lentement à l'air et dont la coagulation entraine une production d'acides lactique et carbonique, composés qui se retrouvent précisément dans les muscles coagulés dans les conditions normales.

Or, si l'on suit les phénomènes qui précèdent et ac-

---

[1] Pasteur, *C. r. Acad. sc.*, juin 1863.

compagnent la précipitation de la caséine, on constate
qu'une oxydation se produit, avant, pendant et après la
formation du caséum (V. *exp.* 57). On constate encore
que du lait, non bouilli, se coagule dans le vide avec dégagement d'hydrogène et d'acide carbonique, de même
que le tissu musculaire placé dans le vide devient rigide,
en dégageant de l'hydrogène et de l'acide carbonique
(V. *exp.* 58). De plus une solution de sucre en fermentation lactique, placée sous une éprouvette au contact
d'un air limité, absorbe de l'oxygène et dégage de l'acide
carbonique, en même temps que le sucre se convertit en
acide lactique (V. *exp.* 59). Enfin, la même solution placée dans le vide donne de l'hydrogène et de l'acide carbonique, comme le lait et les tissus musculaires dans
les mêmes circonstances, sans que l'on puisse invoquer
une fermentation butyrique (V. *exp.* 60).

L'analogie est donc complète entre les phénomènes
qui accompagnent la transformation acide du lactose, ou
du glucose, et ceux qui se produisent dans les tissus
musculaires en voie de coagulation, que l'expérience
soit faite à l'air ou dans le vide. Aussi pour expliquer
l'origine des acides qui se forment pendant la rigidité
cadavérique, il n'y avait qu'à rechercher dans les muscles s'il existe des substances comparables au sucre de
lait.

Les analyses immédiates du tissu musculaire indiquent, comme entrant dans leur composition, non-seulement des substances albuminoïdes, mais des corps

hydrocarbonés [1], matière glycogène chez le fœtus (Cl. Bernard), inosite (Scherer), dextrine (Sanson, Limpricht), glucose même chez l'adulte (Meissner). Par conséquent le tissu dès muscles présente un élément analogue aux sucres, et puisque la fermentation acide de ces derniers donne naissance aux acides carbonique et lactique, il est permis de rapporter à la transformation des corps hydro-carbonés, existant normalement dans les muscles, et l'acidité et les oxydations qui précèdent leur coagulation.

La substance sur laquelle porterait cette oxydation serait le produit de la transformation isomérique du sucre, l'acide lactique, plutôt que la matière azotée, parce que l'oxydation des albuminoïdes donne lieu à une production ammoniacale, tandis qu'en oxydant directement de l'acide lactique par le permanganate de potasse, par exemple, on obtient d'abord de l'acide formique, ensuite de l'acide carbonique. L'acide formique a été signalé dans le tissu musculaire [2], en même temps que les deux autres acides, mais il ne serait qu'un état transitoire.

D'un autre côté, en consultant le travail de M. Hermann [3] sur les échanges gazeux qui se passent dans les muscles, on trouve pour conclusion que le même processus fournit de l'acide lactique et de l'acide carboni-

---

[1] Rouget, *J. de physiol.*, 1859, t. II, p. 104. Sanson, *J. de physiol.*, 1858, t. I, p. 244.

[2] Hermann, *Élém. de physiol.*, trad. Roye, 1869, p. 235.

[3] Hermann, *J. de l'anat. et physiol.*, 1868, t. V, p. 204.

que, soit dans la contraction musculaire, soit dans la
rigidité cadavérique. On peut donc comparer les oxydations qui suivent la mort à celles qui se produisent
pendant la vie. A ce sujet, les expériences de MM. Fick,
Wislicenus et Frankland [1] prouvent que les combustions
qui ont lieu pendant le travail musculaire portent sur
les substances hydrocarbonées et non azotées de l'économie, parce que l'exhalation de l'acide carbonique
augmente beaucoup à la suite du travail, sans que la sécrétion d'urée se modifie notablement.

Par conséquent, les oxydations qui précèdent la coagulation des muscles se confondent avec celles qui se
produisent chez l'animal vivant ; les unes et les autres
auraient pour point de départ le sucre ou les composés
similaires, après leur transformation en acide lactique.
Nous parlons ici de ce qui s'observe dans les conditions
habituelles. On verra, en effet, que la destruction des
matières amyloïdes dans l'organisme modifie ce résultat.
Des oxydations précèdent toujours la rigidité cadavérique, mais elles portent alors sur le carbone des corps
azotés, qui seuls subsistent, et il résulte de leur oxydation
non plus une réaction acide, mais une réaction alcaline
du tissu musculaire coagulé.

Cependant les oxydations intra-musculaires ne seraient
pas la cause immédiate de la rigidité ; leur influence
serait indirecte. Elles détermineraient la coagulation de

---

[1] Frankland, *Revue scientif.*, 1867, t. IV, p. 81.

la matière albuminoïde des muscles, parce qu'elles sont une source d'acide carbonique, quelle que soit la substance qui s'oxyde. Le gaz acide provenant de la lente combustion qui se produit après la mort s'accumulerait peu à peu dans les tissus et finirait par exercer une action coagulante sur la myosine ou fibrine musculaire.

CHAPITRE II.

L'acide carbonique est la cause de la rigidité, qu'elle se produise dans des tissus acides ou alcalins.

Les expériences de M. Kühne [1], sur le suc obtenu par expression du tissu musculaire frais, démontrent que ce liquide est alcalin dans les premiers moments, et qu'il devient acide en se coagulant spontanément et plus ou moins vite suivant la saison. Le coagulum produit à la température ambiante est gélatiniforme et disparaît si on le fragmente, c'est-à-dire lorsqu'on l'agite à l'air ; mais, en le chauffant ou en portant à 45° le liquide non coagulé, on recueille un précipité blanchâtre définitif. Si l'on se reporte à la coagulation de la globuline par l'acide carbonique, on observe qu'elle donne également deux caillots ; le premier, obtenu à la température ordi-

---

[1] Kühne, *Arch. von Reichert*, 1859, p. 748.

naire, n'est pas permanent ; il se redissout par l'agitation ; mais, en le chauffant, on obtient une substance fibrineuse insoluble dans les dissolvants de la globuline coagulée à froid, et comparable à celui obtenu avec le suc musculaire porté à 45°.

La substance albuminoïde des muscles se rapproche donc de la globuline, qui est elle-même très-analogue à la fibrine ; aussi il était probable que la coagulation de la myosine, spontanée ou provoquée par la chaleur, était due à l'acide carbonique, produit constant des oxydations intimes. Cette probabilité devient une certitude, si l'on suit le phénomène de la rigidité dans les différentes circonstances où il se produit.

Ainsi, après la mort par la chaleur, qui nous a servi de point de départ, on constate les deux formes signalées par M. Kühne. Lorsque l'arrêt du cœur est le phénomène initial, la coagulation de son tissu est définitive, par suite de l'intervention d'une température de 45° ; mais lorsque la coagulation des muscles thoraciques et abdominaux précède la rigidité du cœur, on peut faire disparaître celle-ci en lavant le cœur rigide dans du sang oxygéné. C'est la répétition de l'expérience de M. Brown-Sequard[1]. Elle prouve que la rigidité cadavérique, survenue spontanément, est comparable à la coagulation de la globuline, déterminée par l'acide carbonique à la température ordinaire ; toutes deux disparaissent, l'une par

---

[1] Brown-Sequard, *C. r. Soc. de biologie*, 1849. *Recherches sur la rigidité.*

l'agitation à l'air, l'autre par des lavages dans un sang oxygéné. Au contraire, après l'action directe de la chaleur, le cœur rigide ou le coagulum de globuline ne reviennent plus à leur état primitif.

Nysten[1], après avoir établi que la raideur cadavérique se manifeste d'autant plus tôt que l'irritabilité des muscles s'éteint plus vite, a constaté que l'acide carbonique injecté dans le cœur en diminue la contractilité plus rapidement que l'oxygène. C'était reconnaître que le gaz acide hâte l'apparition de la rigidité. On le vérifie directement en dénudant les membres postérieurs d'un petit animal et en plaçant le premier dans une atmosphère d'acide carbonique, le second étant abandonné à l'air. Après un temps assez court, celui qui baigne dans le gaz acide est rigide, tandis que l'autre conserve encore sa souplesse. Deux portions de muscle donnent les mêmes résultats ; l'acide carbonique durcit rapidement le tissu non coagulé des muscles.

On constate encore l'influence de l'acide carbonique sur la rapidité de la coagulation musculaire, en expérimentant sur des animaux placés dans une atmosphère confinée. Ainsi un lapin qui meurt dans l'air confiné, au moment où celui-ci renferme 20 ou 30^{cc} d'acide carbonique 0/0, devient plus tôt rigide qu'un autre placé dans une atmosphère d'hydrogène dans laquelle on a mis un vase contenant de la potasse caustique, de manière à

---

[1] Nysten, *Rech. de physiol. et Ch. path.*, pp. 315 et suiv.

absorber l'acide carbonique à mesure qu'il se dégage des poumons. L'action comparée de l'oxygène et de l'acide carbonique purs produit des résultats moins satisfaisants. Mais on a vu déjà que les oxydations donnent rapidement naissance à de l'acide carbonique, en sorte que l'influence de l'oxygène introduit dans l'économie peut être plus rapide que celle de l'acide carbonique répandu dans l'atmosphère.

Nysten ajoute que l'irritabilité musculaire disparaît après la mort dans l'ordre suivant : le cœur, l'estomac, les intestins, la paroi abdominale et les membres. Le cœur, par le ventricule droit et les oreillettes, est en contact avec le sang, que l'on peut considérer comme une source d'acide carbonique après sa coagulation. Quant à l'estomac, aux intestins et à la paroi abdominale, ils sont distendus par des gaz qui sont formés surtout d'acide carbonique et d'azote. L'analyse des gaz de l'estomac, 24 heures après la mort, nous a donné 0/0, $0 = 10$, $Co^2 = 20$ et $Az = 70$; les gaz de l'intestin renferment en moyenne, d'après Magendie, $Co^2 = 24$, $H = 41$ et $Az = 35$. L'acide carbonique a donc une action directe sur la rapidité du développement de la rigidité cadavérique, et Sommer, dont nous avons déjà cité les recherches, établit, contrairement à Orfila, que la rigidité est très-prompte à la suite de l'asphyxie par les vapeurs de charbon.

Il y a lieu, en effet, de tenir compte de plusieurs circonstances qui peuvent accélérer ou retarder l'apparition du phénomène. Ainsi, l'oxyde de carbone peut entraîner la mort, avant que l'organisme ne soit saturé d'acide carbonique. Ensuite le refroidissement rapide qui accompagne l'asphyxie par submersion ne permet pas de conclure de cette forme à la précédente, parce que l'influence du froid et le contact de l'eau ralentissent toujours les oxydations qui précèdent la rigidité. La masse des muscles à coaguler exigera aussi un temps plus long, lorsqu'elle sera plus considérable, soit qu'il faille davantage d'acide carbonique, soit que les oxydations qui lui donnent naissance aient lieu moins facilement. Rappelons que les effets de la foudre se manifestent souvent par une rigidité immédiate. Boudin [1] rapporte le fait d'un individu demeuré à cheval après avoir été foudroyé; d'autres citent des personnes ou des chiens, frappés de la foudre et ayant conservé l'attitude qu'ils avaient avant la mort. Cette rigidité excessive a été reproduite expérimentalement par M. Richardson[2]. Ces exemples tendent à assimiler la coagulation musculaire à un phénomène chimique, analogue à la coagulation du sang.

Enfin, l'influence de l'acide carbonique sur la substance coagulable des muscles est confirmée par l'expérience suivante, qui a été présentée avec raison comme

---

[1] Boudin, *Traité de géog. et Statist. médicales*, 1857, t. I, p. 467.

[2] Richardson, *The cause of coagul. in Astley Cooper-Prize*, London, 1858.

une objection à l'intervention de l'acide lactique dans la coagulation musculaire. M. Cl. Bernard [1] a observé la rigidité cadavérique en même temps que l'*alcalinité* des muscles, chez des lapins morts « d'inanition ou d'une autre manière, qui détruit toute la substance glycogène et le glucose dans l'organisme. » Il en résulte que l'acidité due à l'acide lactique et la coagulation musculaire ne sont qu'une simple coïncidence, sans relation de cause à effet. Mais l'alcalinité du milieu ne s'oppose ni à la coagulation de la fibrine, ni à celle de la globuline par l'acide carbonique en excès, c'est-à-dire libre. Le sang normal et les liquides coagulables de l'économie se coagulent sans perdre leur alcalinité ; du sang rendu ammoniacal finit par donner un caillot, tout en conservant une réaction très-alcaline.

Il reste à examiner si les tissus d'un animal qui meurt d'inanition ou aglycosique peuvent s'oxyder en donnant lieu à une production d'acide carbonique ; et si cette oxydation, opérée dans des conditions anormales, implique une réaction alcaline de la substance musculaire.

Le premier point ne peut plus être douteux ; un grand nombre de nos expériences sur la coagulation du sang prouvent que les liquides albumineux, séreux ou plasmatiques, s'oxydent à l'air et se saturent d'acide carbonique (V. *exp.* 13, 15, 36, 44 et 47). Chez les animaux

----

[1] Cl. Bernard, *Revue scientif.*, 1872. p. 449.

qui succombent dans les conditions spécifiées par M. Cl. Bernard, il doit en être de même ; leurs tissus manquent de substances hydrocarbonées, mais la substance albuminoïde qui constitue leurs organes devient le siége des dernières oxydations, qui persistent jusqu'à la mort.

Exp. 50. — *Mesure des combustions d'animaux ayant succombé à l'inanition :*

	SANG NORMAL DENSITÉ = 1058,60 TEMP. 39°8, POIDS 12k5.		LE 4e JOUR DE JEUNE DENSITÉ = 1051,11 TEMP. 37°, POIDS 11k5.		LE 12e JOUR DE L'INANITION DENSITÉ = 1037,69 TEMP. 31°5, POIDS 9k.	
	s. artériel.	s. veineux.	s. artériel.	s. veineux.	s. artériel.	s. veineux.
$O =$	25cc,50	11,50	17,50	4,75	9,88	2,50
$CO_2 =$	45cc,00	56,55	49,33	52,80	44,15	54,00
Oxydations $=$	14cc,00		10,25		7,38	

Ainsi, des oxydations se poursuivent dans les tissus des animaux qui meurent aglycosiques ou inanitiés, bien qu'elles soient ralenties parce que les globules sanguins sont moins nombreux et perdent de leur affinité pour l'oxygène, comme l'indiquent l'analyse des gaz du sang et la densité décroissante du liquide. Cette circonstance, jointe à la diminution de la masse totale du sang qui se réduit au 0,6 de son poids, d'après Chossat [1], explique la basse température à laquelle succombent les animaux, malgré la persistance des combustions.

[1] Chossat, *Rech. exp. sur l'inanition*, 1843, pp. 70 et 143.

La réserve de substances hydrocarbonées que renferment les tissus normaux d'un animal doit donc s'épuiser assez vite lorsqu'il meurt d'inanition, et les oxydations qui continuent doivent porter à la fin sur la matière azotée des muscles (Chossat). D'un autre côté, on peut vérifier que de l'albumine oxydée artificiellement (Bechamp) ou spontanément à l'air donne naissance à des sels ammoniacaux, en même temps qu'elle dégage de l'acide carbonique. Une solution de globuline ou d'albumine purifiée, additionnée de penicilliums et placée dans une atmosphère limitée, absorbe de l'oxygène et produit de l'acide carbonique; la solution devient ammoniacale; cependant, elle se trouble après un temps variable et présente quelques coagulums en suspension dans la liqueur. Ces coagulums, isolés et traités par un acide fixe, dégagent dans le vide de 20 à 25^{cc} d'acide carbonique pour 100 grammes de substance humide, poids qui se réduit à 10 grammes par la dessiccation.

Exp. 51. — *Quantité d'oxygène et d'acide carbonique dégagés par diverses substances albuminoïdes laissées au contact de l'air sous une éprouvette :*

	SÉRUM COLORÉ. en 24 heur.	ALBUMINE ORDINAIRE.		GLOBULINE PURE EN 8 JOURS.		MUSCLES LAVÉS.	
		en 2 jours.	en 8 jours.	sans mélange	avec ferment.	en 2 jours.	en 4 jours.
O absorbé $= 3^{cc},10$		0,33	0,45	1,89	8,83	2,75	8,34
CO^2 dégagé $= 2^{cc},32$		»	1,22	0,34	5,17	1,58	8,61

Le tissu musculaire, après avoir été lavé afin d'entraîner l'acide lactique et les substances amyloïdes qui s'y
trouvent, se comporte comme l'albumine ; il absorbe de
l'oxygène et donne de l'acide carbonique, tout en devenant très-alcalin. La présence d'éléments figurés paraît
accélérer l'oxydation, de même que l'addition de mucé-
dinées à une solution d'albumine pure accélère l'absorption de l'oxygène et le dégagement de l'acide carbonique.

Les sels ammoniacaux formés pendant cette oxydation
se dosent sans difficulté à l'aide de la pompe à mercure,
employée comme appareil de distillation. Ces sels n'empêchent pas la coagulation par la chaleur, et l'expérience
de M. Cl. Bernard montre que la coagulation spontanée
de la myosine est possible dans un milieu alcalin, comme
celle de la fibrine ou de la globuline. On remarque seulement que les coagulums disparaissent, lorsque les sels
ammoniacaux de nouvelle formation sont en excès ; un
caillot sanguin, laissé à l'air, se redissout aussi avec le
temps et constitue un liquide visqueux, par suite de
l'apparition de carbonate d'ammoniaque en trop grande
proportion (V. *exp.* 25 et 26). Un liquide plasmatique
perd également son coagulum et retient davantage d'a-
cide carbonique, dégagé par un acide fixe, à mesure
qu'il est conservé plus longtemps (V. *exp.* 47).

Par conséquent, la rigidité cadavérique, produite
dans des tissus acides ou alcalins, proviendrait toujours
d'une même cause, des oxydations et des dédouble-

ments qui donnent naissance à l'acide carbonique nécessaire à la coagulation, spontanée ou provoquée par la chaleur. La réaction de la substance musculaire en serait indépendante et se rattacherait aux oxydations portant tantôt sur les substances hydrocarbonées, tantôt sur les matières azotées, suivant que les premières existent ou qu'elles ont été détruites par une altération pathologique ou expérimentale.

CHAPITRE III.

Obstacles à la coagulation de la myosine par l'acide carbonique pendant la vie.

Les oxydations qui précédent la coagulation des muscles s'observent pendant la vie, beaucoup plus intenses qu'après la mort; et elles produisent de l'acide carbonique, quelles que soient les substances de l'économie qui les éprouvent. On devait donc se demander pourquoi la coagulation musculaire ne se produit pas dans l'organisme vivant. Mais, avant de rechercher les conditions qui mettent obstacle à l'action coagulante du gaz acide sur la myosine, il fallait déterminer quel était le siége des oxydations intimes chez les êtres animés, car on les a placées exclusivement, tantôt dans les tissus, tantôt dans le sang.

Les combustions organiques, d'après cette nouvelle recherche, se passent dans le sang et dans les tissus; mais elles seraient si actives dans ces derniers, à égalité de temps, qu'on peut négliger les combustions intravasculaires. L'acide carbonique, produit constant de ces oxydations, ne s'accumulerait pas dans les muscles, parce qu'il est enlevé par les globules sanguins, entraîné par la circulation et éliminé par la respiration et les diverses sécrétions animales. Nous allons résumer les expériences sur lesquelles s'appuient ces deux propositions.

1° Les principales combustions organiques se passent dans les tissus et non dans le sang.

Il existe une théorie, défendue par MM. Estor et Saint-Pierre [1], et qui localise les combustions organiques dans le liquide sanguin, à l'exclusion des tissus ; les éléments oxydables de l'économie, emmagasinés et repris par la circulation, y seraient brûlés par l'oxygène que portent les globules, et l'acide carbonique se formerait uniquement dans le sang. Si l'hypothèse était exacte, les oxydations cause de rigidité auraient bien lieu dans les muscles d'un cadavre, mais elles ne s'y passeraient pas pendant la vie, et la non-coagulation de la substance musculaire d'un animal vivant s'expliquerait par cela même. Mais cette conception, qui compte quelques adhé-

---

[1] Estor et Saint-Pierre, *J. de l'anat. et physiol.*. 1865, t. II, p. 302.

rents, ne paraît pas soutenable ; car les combustions organiques qui se passent dans l'économie sont énormes ,
tandis que le sang des animaux est très-peu oxydable,
toutes proportions gardées.

Il est facile de se rendre compte que des combustions,
analogues à celles qui surviennent après la mort, doivent se passer dans les muscles vivants. Un animal fati-
gué que l'on sacrifie et dont on examine immédiatement
les organes, présente une réaction acide des muscles
comme l'animal rigide [1]; il faudrait même, d'après Ranke
et M. Gavarret [2], attribuer à l'accumulation de l'acide
lactique la fatigue musculaire et la raideur des membres consécutive à un travail exagéré, puisque la fatigue
ainsi que la rigidité ne cessent qu'après le retour des
muscles à leur réaction normale, franchement alcaline.
Cependant, il serait possible que le tissu musculaire fût
seulement le siége de la transformation du sucre en
acide lactique ; celui-ci, repris par la circulation, serait
oxydé et converti en acide carbonique dans le sang.

Mais le sang veineux qui provient des membres est
plus alcalin que l'artériel (Tiedmann) et la fatigue musculaire ne disparaît que très-lentement. L'acide lactique
est donc détruit sur place. Ensuite M. Cl. Bernard [3] a vu,
chez le chien, la consommation d'oxygène diminuer dans
les muscles inactifs et augmenter pendant leur contrac-

[1] Cl. Bernard, *Propriétés des tissus vivants*, p. 226.
    Gavarret, *Ph. phys. de la vie*, p. 126.
[3] Cl. Bernard, *loc. cit.*, p. 221.

tion, ce qui démontre l'existence d'oxydations intramus-
culaires. On ne saurait, en effet, comme le veulent
MM. Estor et Saint-Pierre, rapporter la diminution de ce
gaz dans le sang qui sort d'un muscle contracté à un
simple ralentissement de la circulation, puisqu'il est no-
toire que les mouvements des doigts dans l'opération
de la saignée, par exemple, facilitent le cours du sang.
Il est vrai que l'action énergique du muscle gêne momentanément la circulation capillaire et qu'il en résulte
des dilatations ampullaires des artérioles [1] ; mais toute
contraction est intermittente et le relâchement qui lui
succède implique une accélération dans la vitesse du
sang.

Enfin, l'acide carbonique, produit des oxydations interstitielles, n'apparaît que tardivement dans le sang d'un
animal en vie ; alors que les oxydations propres au
liquide sanguin donnent immédiatement naissance à ce
gaz. L'expérience 43 a déjà montré que la quantité d'a-
cide carbonique augmente dans le sang veineux, deux
ou trois heures seulement après une exagération des
combustions. Les analyses suivantes, pratiquées avant,
après et pendant un travail musculaire, prouvent
encore que le volume d'acide gazeux diminue dans le
sang des veines pendant le travail, tandis qu'il augmente dans la période de repos qui suit immédiatement.

[1] Ranvier. *C. r. Soc. de Biologie*, 10 janvier 1874

Exp. 52. — *Diminution de l'acide carbonique renfermé dans le sang veineux pendant le travail musculaire et augmentation une ou deux heures après.*

	ÉTAT NORMAL.		TRAVAIL MUSCULAIRE.	
	s. artériel.	s. veineux.	s. artériel.	s. veineux.
$O =$	$24^{cc},41$	$17,67$	$23,63$	$12,56$
$CO^2 =$	$49^{cc},74$	$52,91$	$40,98$	$43,65$
O brûlé $= 6^{cc},74$			$11,07$	
CO^2 produit $= 3^{cc},17$			$2,67$	

	1 HEURE ½ APRÈS.		S. VEINEUX DU CŒUR DROIT.	
	s. artériel.	s. veineux.	travail musc.	1^h après.
$O =$	$22^{cc},19$	$15,77$	$15,81$	$16,90$
$CO^5 =$	$49^{cc},27$	$58,49$	$43,95$	$53,33$
O brûlé $= 6^{cc},42$			»	
CO^2 produit $= 9^{cc},22$			$9,38$	

Dans ces expériences, les combustions intimes caractérisées au moment du travail musculaire par une désoxygénation très-apparente du sang artériel ne correspondent pas à un accroissement d'acide carbonique dans le sang veineux. Le gaz acide, produit ultime d'oxydations et de dédoublements, ne fait son apparition dans le liquide sanguin qu'une heure ou deux heures après l'intervention de la cause qui en a déterminé la ormation.

Des observations analogues ont été faites par d'autres expérimentateurs. Spallanzani [1] a vu des limaçons, placés dans une atmosphère d'hydrogène ou d'azote,

[1] Spallanzani, *Mém sur la resp.*, 1803, p. 343.

exhaler de l'acide carbonique longtemps après qu'ils ne pouvaient plus absorber d'oxygène. Edwards [1] a reproduit l'expérience sur des grenouilles et sur un chat. M. Regnault [2] a observé que le volume d'acide carbonique exhalé par un animal renferme quelquefois plus d'oxygène que l'animal n'en a absorbé. Enfin M. Barral [3], dans trois expériences sur des moutons, a constaté la même différence. Tous ces faits tendent à prouver que les produits oxydables de l'économie ne subissent que tardivement leur dernière transformation en gaz, susceptible d'être éliminé par les voies respiratoires.

Cependant, on pourrait encore objecter que le gaz acide, qui apparaît après un certain temps dans le système vasculaire des animaux dont les combustions se sont exagérées, provient de dédoublements se produisant dans leur sang. Mais une apparition tardive d'acide carbonique ne s'observe pas immédiatement dans le liquide introduit dans le vide ; ensuite la proportion renfermée dans du sang refroidi et conservé en vase clos, sans qu'il puisse s'oxyder, est loin de s'accroître (V. *exp.* 4). De plus, on constate une relation régulière entre la quantité d'oxygène brûlé et d'acide carbonique formé, pendant la conservation du liquide, à l'abri du contact de l'air et par une température favorable aux oxydations. D'après les chiffres du tableau 7, le total des deux gaz réunis

---

[1] Edwards, *Infl. des agents phys. sur la vie.* p. 411.
[2] Regnault et Reiset, exp. 50. 87 et 92 du mêm. cité
[3] Barral, *Statique chimique des animaux,* 1850, p. 308.

dans le sang représente un volume à peu près constant, tandis qu'il devrait augmenter assez vite si des dédoublements intravasculaires donnaient naissance à l'acide carbonique. Enfin du sang saturé d'oxyde de carbone, c'est-à-dire désoxygéné, n'acquiert pas sensiblement d'acide carbonique, lorsqu'il est conservé pendant 5 ou 6 heures à 38° et à l'abri du contact de l'air. Les dédoublements qui ont lieu pendant la vie se passent donc dans la substance musculaire.

Exp. 53. — *Quantité d'acide carbonique formé dans 100^{cc} de sang non oxygéné, conservé à 38° à l'abri du contact de l'air.*

1° SANG DÉSOXYGÉNÉ PAR L'OXYDE DE CARBONE.

	1er jour.	2h après.	4h après.	2e jour.		1er jour.	3e jour.
$CO_2 =$	$40^{cc},25$	40,00	41,40	57,00		32,50	48,50
$CO =$	$18^{cc},00$	18,00	17,70	16,00		22,50	8,50

Ces expériences ont porté sur du sang frais, conservé moins de douze heures dans un espace clos ; elles donnent des résultats différents lorsque la durée de la conservation se prolonge. M. Cl. Bernard [1] avait déjà observé que du sang, privé de ses gaz par un courant d'hydrogène, peut renfermer de l'acide carbonique dès le lendemain. M. Gréhant [2] tout récemment a constaté le même phénomène sur du sang conservé dans le vide. Nous-même nous avons vu la proportion d'acide carbonique

[1] Cl. Bernard. *Rev. Scientif.*, 1872, p. 843.
[2] Gréhant, *C. r. Soc. de biologie.* 1874. 25 juillet.

augmenter dans du sang désoxygéné par l'oxyde de carbone et conservé plusieurs jours à l'abri du contact de l'air. Mais, dans ces expériences, l'acide carbonique nouvellement formé n'augmente qu'après un temps très-long ; de plus, il s'y joint soit une disparition de l'oxyde de carbone existant primitivement dans le sang, soit un dégagement d'hydrogène indice d'une décomposition qui s'accuse davantage à mesure que le sang devient plus ancien. Les dédoublements propres au liquide sanguin paraissent donc résulter d'une altération spéciale et le temps nécessaire à leur apparition ne permet pas de les confondre avec ceux qui donnent naissance à de l'acide carbonique, quelques heures après une exagération des oxydations intimes.

D'un autre côté, du sang oxygéné et frais, conservé à la température du corps dans un vase fermé, s'oxyde à ses propres dépens (V. *exp.* 1, 7 et 37) ; mais ces oxydations sont en une heure, et à 38°, de 3 ou 4^{cc} 0/0 au maximum, tandis que la comparaison des volumes de gaz contenus dans les sangs artériel et veineux indique, pour une circulation complète, opérée en quelques secondes, une disparition d'oxygène ou des combustions de 12 ou 15^{cc} 0/0 (V. *exp.* 8, 42, 43 et 52). Le sang est donc à peine oxydable, relativement ; mais le fût-il autant que les muscles, comme il ne constitue que la cinquième partie de la masse totale du corps [1], les com-

---

[1] Bérard, *Cours de physiol.*, t. III, p. 15.

bustions qui s'y passent sont accessoires, la presque-
totalité s'effectue dans les muscles et dans les parenchymes.

En résumant ces diverses données, on voit que le
sang consomme peu d'oxygène et produit peu d'acide
carbonique, soit d'une manière directe, soit par dédoublement; cependant, dans une circulation complète, il
arrive généralement qu'il perd beaucoup d'oxygène
et qu'il acquiert beaucoup de gaz acide. Par conséquent,
les oxydations respiratoires ont réellement lieu dans les
tissus, et l'acide carbonique contenu dans le sang provient avant tout des oxydations et des dédoublements,
qui sont localisés dans les muscles.

2° Influence de l'hématose veineuse qui se produit dans les
capillaires périphériques.

Le gaz, que nous avons considéré comme l'agent de
la rigidité cadavérique, existe à un certain moment dans
le tissu musculaire des animaux vivants, et s'il ne produit pas une coagulation spontanée pendant la vie, c'est
qu'il est repris par la circulation à mesure qu'il se
forme et éliminé bientôt par la respiration et les diverses sécrétions (V. *exp.* 8, 29 et 30). L'échange qui
s'effectue entre l'oxygène du sang et l'acide carbonique
des tissus empêcherait l'accumulation de ce dernier et
mettrait obstacle à son action coagulante sur la myosine.
Les globules sanguins doués d'une égale affinité pour
l'oxygène et pour l'acide carbonique serviraient de

pivots à cette substitution s'exerçant en sens inverse de l'hématose pulmonaire.

La possibilité d'une hématose veineuse est démontrée par l'expérience qui consiste à reproduire la circulation du sang, non coagulé, dans un système de tubes endosmotiques, traversant successivement un milieu d'acide carbonique et l'air ambiant [1]. La couleur du sang dans les différents points de son parcours et l'analyse des gaz prouvent, en effet, que l'acide carbonique pénètre par endosmose dans le sang. L'expérience 38 établit encore que le mouvement de l'acide carbonique vers les globules sanguins peut s'exercer au travers des parois artérielles ou veineuses, et à plus forte raison au travers des capillaires. L'expérience 35, avec les considérations qu'elle comporte, indique également que les globules rouges peuvent enlever de l'acide carbonique aux liquides qui en renferment, tandis que l'expérience 33 montre l'oxygène du sang déplacé par l'acide carbonique et celui-ci par un courant d'air.

Cependant, on remarque que du sang oxygéné, mis au contact d'une atmosphère d'acide carbonique, perd difficilement son oxygène. Le passage d'un courant de gaz acide déplace bien l'oxygène du sang ; mais si une membrane animale sépare le milieu d'acide carbonique et le liquide sanguin, le départ de l'oxygène ne se produit plus. 10^{cc} de sang suroxygéné, placés dans une bau-

---

[1] V. *Influence de la vitesse de la circulation.* p. 191.

druche et introduits sous une cloche remplie d'acide carbonique, ont absorbé 4cc5 d'acide en 15 minutes et 8cc en trois quarts d'heure , *sans exhaler d'oxygène*. Le mécanisme de l'hématose veineuse implique donc autre chose qu'un simple déplacement gazeux, et les différents tissus doivent exercer une action attractive sur le gaz comburant, puisque du sang artériel, en se transformant en sang veineux, perd un volume considérable d'oxygène en quelques secondes.

Le phénomène doit être analogue à celui que M. Schutzenberger a signalé récemment [1]. Du sang oxygéné devient noir au contact de la levûre de bière, alors même que le sang en est séparé par une cloison perméable au gaz. Ce changement de couleur est dû à la propriété d'absorber l'oxygène dont jouissent les cellules organisées de la levûre, propriété tout à fait comparable à celle du tissu musculaire dont l'activité se manifeste même dans le vide (V. *page* 194). On peut en effet reproduire la désoxygénation des globules sanguins avec du sang non défibriné, en se servant de nos tubes endosmotiques immergés dans une bouillie de levûre en un point de leur longueur. L'expérience de M. Schutzenberger montre aussi la grande affinité des hématies pour l'acide carbonique; car la levûre est une source d'acide carbonique, et la coloration du sang, mis en rapport avec elle, provient non-seulement d'une désoxygénation, mais

----

[1] Schutzenberger, *C. r. Acad. sc.*, Paris, 6 avril 1874.

d'une absorption de gaz acide, opérée au travers de la membrane animale qui les sépare.

Enfin toute une série d'observations prouvent la réalité de l'hématose veineuse, en même temps qu'elles permettent de constater que le drainage de l'acide carbonique par le sang fait disparaître la rigidité musculaire, soit après la mort, soit pendant la vie.

Les expériences de M. Brown-Sequard [1] sur les propriétés physiques et les usages du sang rouge et du sang noir démontrent par exemple qu'un membre en rigidité cadavérique, dans les artères duquel on injecte un sang oxygéné, reprend sa souplesse et son irritabilité à la faradisation, tandis que le sang chargé d'acide carbonique donne des résultats négatifs. Elles démontrent aussi que les muscles exposés à l'air perdent rapidement leur contractilité, mais qu'on peut la leur conserver pendant cinquante heures, au moyen d'un sang défibriné et suroxygéné. Ce n'est donc pas l'alcalinité du sang, comme on pourrait le supposer, qui rétablit les propriétés du tissu musculaire, c'est son degré d'artérialisation, puisque le sang noir est impuissant à produire le même effet; d'autre part, l'oxygénation en elle-même n'est que l'un des éléments indispensables au retour des propriétés du muscle ; car, si un milieu d'oxygène exalte l'irritabilité musculaire, il l'épuise très-vite et définitivement.

Il faut donc que le sang, lorsqu'il ramène l'irritabilité

[1] Brown-Sequard, *J. de physiol.*, 1858, t, I, pp. 202 et 729.

ou la vie dans un muscle rigide, agisse à la fois en lui enlevant son acide carbonique et en lui donnant de l'oxygène pour brûler et détruire l'acide lactique qui s'y forme. On vérifie cet échange de gaz, si l'on fait l'analyse du sang que l'on va injecter et si l'on répète cette analyse après l'injection. Le premier sang qui revient de la périphérie a perdu de l'oxygène et a acquis de l'acide carbonique, à peu près dans la proportion du sang veineux d'un animal vivant. L'expérience pratiquée avec du sang de bœuf défibriné et injecté dans l'artère d'un membre rigide a donné avant l'injection $23^{cc}80$ d'oxygène et $26,00$ $0/0$ d'acide carbonique; après avoir traversé le membre et en avoir fait disparaître la rigidité, il contenait $20,00$ d'oxygène et $37,50$ d'acide gazeux.

Quant à la destruction sur place de l'acide lactique qui imprègne les muscles rigides, elle parait démontrée non-seulement par l'alcalinité plus grande du sang veineux comparé au sang artériel (Tiedmann et Gemlin), mais par les expériences de M. Kronecker [1] qui prouvent que des solutions salines, avides d'acide carbonique, ne rétablissent pas les propriétés musculaires, tandis qu'une injection de permanganate de potasse ramène momentanément l'irritabilité d'un muscle rigide. Ainsi, l'arrivée d'un sang oxygéné au contact des tissus aurait une double influence; d'abord elle entretiendrait les

[1] Kronecker, in Revue scientif., 1873, p. 449.

oxydations indispensables aux manifestations vitales, ensuite elle provoquerait l'élimination de l'acide carbonique de manière à mettre obstacle à son action coagulante.

Enfin, le déplacement par l'oxygène du gaz acide qui coagule une substance albuminoïde peut se constater directement, en opérant sur une solution de globuline, substance très-voisine de la myosine. Un courant d'acide carbonique la coagule, comme il coagulerait les muscles, et un courant d'air redissout le coagulum par simple déplacement de l'acide carbonique, renfermé dans la liqueur et combiné plus ou moins intimement au précipité. L'expérience peut se répéter un grand nombre de fois; et la preuve que la disparition du caillot se lie uniquement au départ de l'acide carbonique, c'est que des gaz différents de l'air peuvent le faire disparaître. L'expulsion de l'acide carbonique est donc la circonstance capitale qui fait cesser la coagulation; mais l'oxygène n'aurait pas une moindre importance, lorsqu'il s'agit de rétablir les propriétés d'un muscle coagulé.

Les phénomènes que l'on constate sur les muscles rigides d'un cadavre peuvent s'observer *pendant la vie*. Swammerdam [1], et d'autres après lui, ont expérimenté qu'un chien dont on a lié l'aorte au-dessus des iliaques perd l'usage de ses membres postérieurs. Après l'opéra-

---

[1] Swammerdam, *Tractatus de respirat.*, Leyde, 1667.

tion, l'irritabilité musculaire ne se conserverait que deux heures en moyenne suivant Longet[1] ; la rigidité se montrerait un peu plus tard, d'après Brown-Sequard[2], pour cesser si l'on rétablit le cours du sang et faire place à l'irritabilité et à la motilité, lorsque la circulation peut être ramenée à son état primitif.

Par conséquent, c'est aux échanges qui se produisent dans la profondeur des tissus qu'il faut rapporter la disparition des accidents de coagulation, et l'on est en droit d'admettre une *hématose veineuse*, comme on admet une hématose artérielle ou pulmonaire ; celle-ci éliminant l'acide carbonique du sang ou des globules rouges ; celle-là éliminant l'acide carbonique des tissus, tout en leur apportant de l'oxygène.

Une dernière remarque : si ces déplacements sont réels, les tissus et les liquides de l'organisme, autres que les globules sanguins et les sécrétions glandulaires, ne doivent pas renfermer d'acide carbonique, sinon à l'état de carbonates. Déjà, nous avons établi, en parlant des gaz du plasma et des liquides séreux, non pathologiques, que ces liqueurs contiennent normalement très-peu de gaz acide. Comme elles ont toujours subi le contact de l'air avant leur introduction dans l'appareil à analyse (*fig.* 2), et que ce contact a pour conséquence des oxydations avec production d'acide carbonique, il est extrêmement probable que ce gaz existe à peine,

[1] Longet, *Traité de physiol.* 3e édit., t. II, p. 619.
[2] Brown-Sequard, *loc. cit.*, p. 115.

pendant la vie, dans les divers parenchymes et humeurs qui les imprègnent.

On se rend compte de l'absence probable de l'acide carbonique dans les tissus et les liquides normaux de l'organisme, le sang excepté, non-seulement en analysant les sérosités plasmatiques (V. *exp.* 12, 13, 14 et 15), mais en dosant pendant la saison froide les gaz que renferme un tissu organique, la substance du cerveau, par exemple, ou le suc musculaire obtenu par expression. La matière cérébrale, broyée avant l'analyse, a donné seulement 13^{cc} d'acide carbonique 0/0 après la mort par hémorrhagie, et 11^{cc} après l'asphyxie par l'oxyde de carbone ; tandis que dans l'asphyxie proprement dite elle contenait $24^{cc}28$ d'acide carbonique 0/0. Le corps vitré en renferme 12^{cc} 0/0 normalement. Du suc musculaire, soustrait le plus vite possible à l'action de l'air, en accuse très-peu encore, 8 ou 10^{cc} 0/0 (V. *exp.* 16).

On peut donc conclure en toute assurance :

1° Que chez les êtres vivants, le sang s'empare de l'acide carbonique au fur et à mesure de sa formation, et le rejette au dehors par les voies respiratoires et par les sécrétions, sans qu'il puisse s'accumuler en quantité notable dans les différents tissus ;

2° Qu'après la mort, le gaz acide continue à se former, sans élimination possible, et qu'à une certaine époque, il se trouve en quantité suffisante pour coaguler le suc musculaire et déterminer la rigidité cadavérique.

TROISIÈME PARTIE.

LA COAGULATION DE L'ALBUMINE ET SA TRANSFORMATION EN GLOBULINE.

Les analogies qui existent entre l'albumine et la fibrine, impliquaient pour les deux substances un même mode de coagulation ; car on a toujours comparé la coagulation spontanée de la fibrine à celle de l'albumine provoquée par la chaleur. Le gaz acide carbonique, en effet, est l'agent de l'une ou l'autre transformation ; la température à laquelle il agit constitue toute la différence. Le sérum, le sang défibriné et l'albumine de l'œuf ne sont plus coagulés par la chaleur, lorsqu'on a extrait l'acide gazeux que ces liquides contiennent normalement.

Comme complément des études précédentes, nous examinerons : 1° les conditions de la coagulation de l'albumine ; 2° sa transformation en globuline ; 3° la nature complexe de l'albumine de l'œuf ; 4° les procédés d'extraction des gaz et des sels volatils.

CHAPITRE 1er.

La coagulation de l'albumine par la chaleur est due à l'acide carbonique qu'elle contient normalement.

Les gaz, contenus dans l'albumine de l'œuf, sont un peu d'oxygène et d'azote et une forte proportion d'acide carbonique, supérieure à celle que renferme le sérum sanguin (V. *exp.* 19 et 35). La machine pneumatique à mercure agissant sur de l'albumine diluée permet d'enlever non-seulement ces gaz, mais une certaine quantité de sels ammoniacaux. Nous négligerons momentanément l'influence de ces derniers, car il est possible de n'extraire que les gaz.

Exp. 54. — *Gaz contenus dans 100cc d'albumine de l'œuf*[1].

$CO_2 = 65^{cc},43$	62,22	56,07	55,50	76,15	84,50	45,75
$O = 2^{cc},86$	2,11	2,00	1,66	2,69	2,25	2,00
$Az = 4^{cc},92$	3,11	3,87	4,50	4,23	4,00	3,25

L'albumine que l'on soumet à l'action combinée de l'eau, du vide et de la chaleur perd sa propriété carac-

---

[1] Ces quantités de gaz se rapportent à 100cc de liquide albumineux normal. Si l'on voulait savoir à quel poids d'albumine sèche correspondent ces chiffres, il faudrait se rappeler que 100gr du liquide de l'œuf perdent 85 à 87 d'eau, suivant que la dessiccation a lieu à l'air ou dans le vide. Ces résultats, empruntés à M. Chevreul (*Ann. de phy. et ch.*, 1821, p. 37), montrent que 100cc d'albumine ordinaire contiennent seulement 14gr d'albumine desséchée.

téristique. Après l'extraction de l'oxygène, de l'azote et de l'acide carbonique qu'elle contient normalement, elle n'est plus coagulable par la chaleur seule, qu'elle provienne de l'albumine de l'œuf ou du sérum sanguin. Cependant les acides et les sels métalliques la précipitent après comme avant le traitement. Devait-on admettre que l'opération qu'on lui avait fait subir pour en extraire les gaz l'avait transformée en une substance nouvelle, plus ou moins différente de l'albumine ordinaire?

Afin d'élucider ce point, nous avons cherché à rendre à l'albumine soumise à l'action du vide la propriété qu'elle avait perdue, en lui restituant ce que l'opération lui avait enlevé. L'agitation à l'air ou le passage d'un courant d'oxygène au travers de l'albumine transformée, laisse celle-ci incoagulable par la chaleur ; la petite quantité d'oxygène ou d'azote contenue dans l'albumine n'était donc pas nécessaire à la coagulation. L'influence de l'acide carbonique est tout autre.

Après le passage d'un courant de ce gaz, le liquide albumineux modifié par le vide se coagule parfaitement, lorsqu'il est porté à la température de 70°. Le coagulum est identique à celui que donne l'albumine normale sous l'influence de la chaleur ; il est floconneux ou compacte suivant le degré de concentration de la solution, il jouit des mêmes propriétés. Le sérum donne des résultats analogues. L'acide carbonique, par conséquent, intervenait dans la coagulation par la chaleur des différentes variétés d'albumine.

Cette constatation fut le point de départ de nos recherches sur la coagulation des diverses substances albuminoïdes. Il résulte de cette étude que les coagulations proprement dites exigent la présence d'un acide, et que cet acide entre dans la constitution du coagulum. Dans le cas de l'albumine, l'acide carbonique qu'elle renferme pouvait remplir ce rôle.

Nous avons donc vérifié les propositions suivantes : 1° l'acide carbonique qui se rencontre dans toutes les liqueurs albumineuses est retenu normalement par les sels alcalins qu'elles renferment ; 2° cet acide ne se dégage pas pendant la coagulation de l'albumine ; 3° on recueille de l'acide carbonique en versant un acide fixe sur l'albumine coagulée par la chaleur ; 4° on régénère une albumine soluble avec de l'albumine coagulée en lui enlevant l'acide carbonique qu'elle retient ; 5° l'albumine forme avec les acides de véritables combinaisons ; 6° l'alcool a une influence comparable à celle de la chaleur.

1° *L'acide carbonique est retenu dans l'albumine normale par les sels alcalins qu'elle renferme.* — On admet généralement qu'il existe de l'acide carbonique dans l'albumine, mais en petite quantité et sous forme de carbonates alcalins ; cette hypothèse paraît confirmée par l'expérience qui consiste à soumettre de l'albumine à l'action du vide ou d'un courant d'air, sans qu'il soit possible d'en retirer une proportion appréciable de gaz acide. D'après nos analyses cependant, l'acide carbonique se trouverait en quantité assez considérable dans le blanc d'œuf ou le sérum du sang ; mais, pour obtenir son élimination, il serait nécessaire de diluer beaucoup la liqueur normale. On se rend compte de l'influence de cette dilution, si l'on admet que l'acide carbonique existe dans l'albumine ordinaire à un certain état de combinaison, qui serait détruit ou rendu moins stable par l'addition d'une quantité d'eau suffisante.

L'existence de l'acide carbonique dans l'albumine normale ne nous parait pas douteuse ; car on constate que le gaz extrait de l'albumine est en proportion d'autant plus considérable qu'elle provient d'œufs conservés depuis plus longtemps : on sait d'ailleurs que la substance albuminoïde d'un œuf un peu ancien se coagule plus complétement que celle d'un œuf tout à fait récent, sous l'influence de la chaleur. Mais il fallait rechercher la nature de la combinaison qui retient l'acide carbonique dans l'albumine. **M.** Dumas, qui a bien voulu s'intéresser à nos expériences, est porté à croire que cet acide se trouve fixé par la soude et par les sels de soude qui existent en forte proportion dans toutes les liqueurs albumineuses. La dilution détruirait la stabilité de la combinaison de l'acide carbonique avec ces sels et permettrait le départ du gaz, de même qu'un bicarbonate alcalin en dissolution se décompose spontanément au contact de l'air et se trouve ramené à l'état de carbonate. Nos recherches concordent avec cette manière de voir.

En parlant du sérum, qui n'est qu'une variété d'albumine, nous avons déjà remarqué que ce liquide ne perd pas facilement son acide carbonique (V. *exp.* 35). M. Fernet, de son côté, a constaté que 100^{cc} de sérum pouvaient retenir à l'état de combinaison $47^{cc}09$ d'acide carbonique, grâce aux phosphates et carbonates alcalins qu'ils renferment; M. Preyer, d'autre part, a isolé du sérum un sel que l'eau décompose avec dégagement d'acide carbonique et dans la composition duquel entrent un équivalent d'acide phosphorique et deux équivalents d'acide carbonique, unis à la soude. Nous-même, nous avons observé que certaines solutions salines, celles de phosphate de soude particulièrement, peuvent absorber une quantité considérable d'acide carbonique, qu'elles perdent à la température de l'ébullition ou après une dilution abondante (V. *exp.* 48). Il était donc probable que les sels qui entrent dans la constitution de l'albumine de l'œuf avaient une action comparable aux sels du sérum.

Ces sels consistent en phosphate, sulfate, carbonate de soude et chlorure de sodium; l'albumine en contient $0^{gr}7$ 0/0. En les dissolvant dans les proportions indiquées par Proust, la solution, saturée d'acide carbonique à la température de 20°, abandonne dans le vide $90^{cc}5$ 0/0 de gaz au-dessous de 60° et $31^{cc}5$ à 100°, quantités auxquelles il faut ajouter $21^{cc}5$, dégagés après addition d'acide sulfurique. 100^{cc} d'une autre solution saturée d'acide carbonique ont donné à 22°,$39^{cc}5$, — à 60°,$64^{cc}5$, —

à 100°,44ᶜᶜ,—total d'acide carbonique 148ᶜᶜ, dont 108ᶜᶜ5 à un état de combinaison intime. 100ᶜᶜde la même solution, saturée et fortement étendue, ont donné à 22°,36ᶜᶜ, — à 60°,53ᶜᶜ,— à 100°,17ᶜᶜ5,—total 106ᶜᶜ5, dont 70ᶜᶜ5 seulement en combinaison intime. L'intervention de l'eau avait diminué du tiers l'affinité du sel pour le gaz acide. On doit donc admettre que dans l'albumine ordinaire, l'acide carbonique est combiné aux sels minéraux qui s'y trouvent, et que l'effet de la dilution est de décomposer la combinaison préexistante.

Cette conclusion est confirmée par le fait suivant : du sang, du sérum ou du blanc d'œuf, étendus de 10 ou 15 fois leur volume d'eau, et abandonnés au contact de l'air, perdent bientôt leur acide carbonique, en même temps qu'ils cessent d'être coagulables par la chaleur ou par l'alcool. De l'albumine diluée au douzième et incoagulable par la chaleur, introduite dans le récipient de la pompe à mercure, a donné seulement 8ᶜᶜ30 d'acide carbonique 0/0, au lieu de 60 ou 70ᶜᶜ qu'elle aurait dû donner. La dilution de l'albumine et son exposition à l'air avaient donc déterminé le départ de l'acide carbonique, impossible à obtenir sans dilution, même dans le vide. Ajoutons qu'il suffit de faire passer un courant de ce gaz dans la même solution étendue, chauffée à 70°, pour déterminer la précipitation complète de la matière albuminoïde.

2° *L'acide carbonique contenu dans l'albumine ne se dégage pas au moment de sa coagulation.* — La quantité d'acide carbonique renfermé dans l'albumine est assez variable. D'après les analyses que nous avons reproduites, elle serait, dans l'albumine de l'œuf, de 70^{cc} 0/0 en moyenne, ce qui correspond à 500^{cc} de ce gaz pour 100 grammes de substance desséchée. Cette proportion est un minimum, l'extraction du gaz est laborieuse, et il est difficile d'éviter des pertes par suite de coagulations partielles.

Or, si l'on met de l'albumine dans le vide ou sous une éprouvette renversée sur le mercure, et si l'on provoque sa coagulation par la chaleur, on constate que le coagulum se produit sans dégagement gazeux. L'acide carbonique qui existe normalement dans l'albumine, si abondant qu'il soit, est donc employé, au moins en grande partie, dans la transformation de l'albumine soluble en albumine coagulée ou insoluble. Nous disons employé en grande partie et non en totalité, parce qu'il est possible qu'une petite portion du gaz soit retenue mécaniquement, et parce que la quantité d'acide carbonique qu'un acide fixe permet de retirer de l'albumine récemment coagulée est quelquefois inférieure à la proportion qui s'y trouve normalement. Mais cette différence, sensible pour l'albumine de l'œuf, devient nulle si l'on expérimente sur le sang, qui contient moins d'acide carbonique.

Ainsi, les gaz contenus dans les liquides albumineux ne sont pas déplacés au moment de la coagulation par la chaleur. L'acide carbonique ne peut se dégager qu'après une forte dilution, mais alors la solution ne se coagule plus sous l'influence d'une élévation de température.

3° *L'acide carbonique existe à l'état de combinaison dans l'albumine coagulée par la chaleur.* — On peut démontrer que l'acide carbonique entre dans la composition de l'albumine coagulée par la chaleur, en la traitant dans le vide par un acide fixe. Le procédé consiste à prendre un certain poids de blanc d'œuf, durci par la cuisson, à le réduire à l'état de pulpe en le broyant, puis à l'introduire, au moyen d'un robinet à large voie, dans un ballon tubulé, relié à la pompe à mercure, et dans lequel on a fait préalablement le vide. Lorsqu'on a extrait ainsi tous les gaz susceptibles de se dégager, le ballon étant chauffé au bain-marie à 70° environ, on fait arriver sur le coagulum une solution étendue d'acide tartrique, et l'on recueille une nouvelle quantité d'acide carbonique. Dans cette expérience, il y a avantage à opérer sur l'albumine encore humide, car l'acide tartrique redissout mal l'albumine coagulée et desséchée, et ne déplace presque pas l'acide carbonique qu'elle a fixé.

Exp. 55. — *Quantité de gaz dégagé par* 100^{cc} *d'albumine coagulée et traitée dans le vide par une solution d'acide tartrique.*

CO^2 total = 69^{cc},90	86,00	134,99	77,25
Dégagé par la chaleur = 16^{cc},80	20,00	54,58	22,25
Par l'acide tartrique = 53^{cc},10	66,00	80,41	55,00

La quantité d'acide carbonique recueillie après l'introduction d'un acide est de 60^{cc}, en moyenne, pour 100^{cc} d'albumine humide et coagulée par la chaleur. Ce chiffre correspond à 430^{cc} de gaz pour 100 grammes d'albumine supposée sèche.

On néglige ainsi la quantité d'acide carbonique dégagée dans le vide par la chaleur seule. Si l'on en tient compte, la proportion d'acide carbonique que renferme le coagulum s'accroît du tiers environ ; par suite, 1^{cc} d'albumine coagulée et sèche contiendrait près de 6^{cc} d'acide plus ou moins combiné. Ce second chiffre est peut-être plus exact que le précédent, car l'albumine coagulée et placée dans le vide ne dégage pas sensiblement d'acide carbonique à la température ordinaire, tandis qu'un bicarbonate alcalin dans les mêmes conditions est décomposé et réduit à l'état de protocarbonate. Le gaz acide que l'on extrait par le vide et par la chaleur est donc combiné plus intimement que celui des bicarbonates alcalins.

Quoi qu'il en soit de cette remarque, on ne peut se refuser à admettre que le gaz, déplacé par un acide fixe, existe à l'état de combinaison dans le coagulum albumineux. La petite quantité de sels alcalins qu'il renferme ne justifie pas un pareil dégagement, car le volume d'acide carbonique qui reste combiné aux sels alcalins et que dégage l'acide tartrique, après l'extraction des gaz de l'albumine soluble, s'élève seulement à 8 ou 12^{cc} 0/0 et il atteint à peine 3 ou 4^{cc} dans le sérum du sang, lorsqu'il a été soumis à une température élevée dans le vide.

4° *L'albumine coagulée, à laquelle on enlève son*

acide carbonique, reproduit une albumine soluble. — Nous nous sommes appuyés sur la volatilité des sels ammoniacaux pour régénérer avec de l'albumine coagulée une albumine soluble et généralement coagulable par l'acide carbonique. L'ammoniaque que l'on fait intervenir a pour effet de redissoudre le coagulum, en s'emparant de l'acide qui entre dans sa constitution, et en formant avec ce dernier un sel volatil, susceptible d'être éliminé en même temps que l'alcali ajouté en excès.

Pour effectuer la dissolution de l'albumine coagulée, on la chauffe avec un léger excès de dissolution ammoniacale, en vase clos, à une douce température. Ce résultat atteint, il suffit d'évaporer la solution pour chasser l'ammoniaque et le sel ammoniacal qui a pris naissance.

Le produit desséché que l'on obtient ainsi est complétement soluble dans l'eau et jouit des propriétés caractéristiques de l'albumine ; nous reviendrons du reste sur cette expérience dans le chapitre consacré à l'étude de la transformation de l'albumine en globuline. Souvent, en effet, les lavages et l'évaporation, en facilitant le départ des sels fixes et volatils contenus normalement dans la substance, modifient quelques-unes des propriétés de l'albumine, propriétés qui font retour du reste par une simple restitution de ces sels.

5° *L'albumine forme des combinaisons avec les différents acides.* — Milon et M. Commaille[1] ont montré déjà que tout acide minéral ayant servi à la coagulation de

---

[1] Milon et Commaille, *C. r. Acad. sc.*, Paris, 1864.

l'albumine se retrouve dans le coagulum. Les expériences que nous avons faites à ce sujet nous ont conduits au même résultat. En précipitant de l'albumine par les acides chlorhydrique, sulfurique ou phosphorique, les précipités obtenus, broyés et lavés à plusieurs reprises, donnent à l'analyse des quantités très-appréciables de chlore, de soufre ou de phosphore, déduction faite de la portion de ces substances combinée aux bases minérales que l'on ne peut entièrement entraîner par lavage et dont on apprécie la valeur en analysant les cendres laissées par la calcination d'un poids égal du coagulum.

L'équivalent, probablement très-élevé, des substances protéiques explique la proportion relativement faible d'acide qui entre ainsi en combinaison.

Ces expériences, rapprochées de celles qui font l'objet de ce travail, complètent l'analogie entre les coagulations spontanées et artificielles : une albumine coagulée serait toujours une combinaison plus ou moins définie d'un acide avec la matière azotée ; l'albumine coagulée par la chaleur ne ferait pas exception à cette règle ; car l'acide carbonique serait uni à la substance albuminoïde coagulée par une simple élévation de température. Les précipités que certains sels métalliques, comme le chlorure de mercure, le sulfate de cuivre, l'azotate d'argent, etc., donnent avec l'albumine auraient une constitution presque semblable, puisque M. Schützenberger admet que dans ce cas l'albumine se combine partie avec l'acide, partie avec la base du sel.

6° L'influence de l'alcool est comparable à celle de la chaleur. — L'albumine à laquelle on a enlevé l'acide carbonique qu'elle contient normalement, n'est plus coagulable ni par la chaleur, ni par l'alcool ; c'est là un caractère qui rapproche ce produit des peptones et de l'albuminose. Mais, si l'albumine privée de gaz est soumise pendant quelques minutes à l'action d'un courant d'acide carbonique, elle est de nouveau coagulable par l'alcool et par la chaleur. La solution limpide, provenant du mélange de l'alcool et de l'albumine transformée, peut être également précipitée par un courant d'acide carbonique. Par conséquent, l'alcool détermine à la température ordinaire ce qui se produit spontanément à une température de 70° ; l'acide carbonique contenu dans la dissolution albumineuse entrerait en combinaison avec la matière protéique et la transformerait en un composé insoluble.

Plusieurs expériences viennent à l'appui de cette manière de voir. D'abord de l'albumine ordinaire peut être maintenue en dissolution dans l'alcool, en y ajoutant une petite quantité d'alcali, comme l'a observé Schérer, de même qu'elle cesse d'être coagulée par la chaleur, si l'on augmente la proportion d'alcali qu'elle renferme normalement. Ensuite, l'albumine précipitée par l'alcool dégage de l'acide carbonique, comme celle qui a été coagulée par la chaleur, lorsque le coagulum est traité dans le vide par un acide fixe. Enfin, on peut régénérer avec la même albumine précipitée par l'al-

cool, une albumine soluble et coagulable par l'acide
carbonique, si l'on redissout le précipité au moyen de
l'ammoniaque et si l'on élimine le carbonate ammoniacal formé.

Il y a donc analogie complète entre la coagulation de
l'albumine par la chaleur et la coagulation par l'alcool.
Il est reconnu du reste que les deux caractères coexistent ou manquent simultanément. Nous avons insisté
sur le rôle de l'alcool dans les phénomènes de coagulation, parce que l'on a voulu se fonder sur son action
pour différencier les diverses variétés d'albumine. Mais
la précipitation par l'alcool n'indique rien touchant la
nature chimique de la substance ; elle prouve simplement que l'albumine sur laquelle on opère contient de
l'acide carbonique ou qu'elle n'en contient pas.

CHAPITRE II.

Transformation de l'albumine, après le départ des sels volatils qu'elle renferme.

La plupart des substances azotées qui constituent
l'économie animale, lorsqu'elles sont soustraites à l'influence de la vie, éprouvent spontanément une transformation qui les fait passer de l'état liquide à l'état

solide ou coagulé. L'albumine cependant fait exception, et la chaleur doit intervenir pour que la coagulation se produise. L'albumine de l'œuf en particulier est susceptible de conserver sa fluidité et sa transparence pendant un temps fort long. Cette immunité assure, sans doute, la conservation et le développement de l'ovule enfermé dans l'œuf; mais quelle en était la cause? Par quel artifice les liquides albumineux échappaient-ils à un phénomène qui se produit presque immédiatement dans le sang, les muscles et le lait?

On peut rapporter aux sels ammoniacaux contenus dans l'albumine normale, la résistance qu'elle présente à la coagulation spontanée. Après l'extraction de ces sels, il n'est plus nécessaire de chauffer le liquide albumineux pour que l'acide carbonique le coagule. Ce gaz agit à la température ordinaire, et le passage d'un courant au travers de la solution produit une coagulation à peu près immédiate et complète, lorsque les sels volatils ont été enlevés en totalité. Ce caractère distingue la globuline des autres variétés d'albumine.

Les preuves de la transformation de l'albumine en globuline, après la disparition des sels ammoniacaux, peuvent se déduire de l'expérience suivante. De l'albumine ordinaire, diluée jusqu'à ce qu'elle devienne incoagulable par la chaleur, est placée dans une cornue et maintenue à une douce température, de manière à déterminer la distillation lente de la majeure partie de l'eau qu'elle renferme. On obtient ainsi d'une part les produits distillés, de l'autre le liquide albumineux privé de sels volatils. Si l'on examine l'albumine soumise à ce traitement, on constate qu'elle a acquis de nouvelles propriétés et qu'elle est coagulée à froid par l'acide carbonique ; cependant elle n'est pas altérée, car en lui restituant les sels et l'acide carbonique qu'on lui a enlevés simultanément, elle recouvre les propriétés de l'albumine normale.

Les sels volatils, extraits pendant l'évaporation, consistent en carbonate, sulfate et sulfhydrate d'ammoniaque, qui se retrouvent dans l'eau de distillation dans la proportion de 0^g20 pour 100^{cc} d'albumine ordinaire. Le carbonate d'ammoniaque en forme la plus grande partie. Au moyen de la machine pneumatique à mercure, on peut faire un dosage assez exact en interposant entre le récipient, où est placée l'albumine diluée, et la pompe à mercure, un flacon contenant un volume connu d'acide sulfurique titré, que devront traverser les gaz et les vapeurs émises par la solution albumineuse. La quantité d'ammoniaque condensée est de 0^g07 à 0^g08 0/0, chiffre qui correspond à 0^g172 de carbonate d'ammoniaque. Notons que le titrage fait au moyen de l'acide sulfurique ne permet pas de tenir compte du sulfate d'ammoniaque qui existe dans l'eau de distillation.

L'acide carbonique ne coagule plus la globuline à la température ordinaire, lorsqu'on lui a rendu les sels ammoniacaux enlevés par la distillation. La solution se comporte alors comme de l'albumine chargée d'acide carbonique, elle ne se prend en caillot que si l'on vient à élever sa température ; celle-ci oscille autour de 70°, un peu plus ou un peu moins, suivant la quantité de carbonate d'ammoniaque dont on l'a additionnée. On constate en effet que de faibles proportions de carbonate ammoniacal augmentent rapidement le degré de chaleur auquel l'acide carbonique produit la coagulation. Le liquide de l'hydrocèle , par exemple, qui se coagule normalement à 90°, contient plus de sels ammoniacaux que l'albumine de l'œuf ; aussi l'acide carbonique qu'il renferme (V. *exp.* 49), reste sans action au-dessous de cette température. Mais, comme l'alcalinité de ce liquide pathologique est due tout entière à des sels volatils, sa coagulation directe par un courant de gaz acide est assez facile à obtenir après une dilution abondante.

La globuline coagulée par l'acide carbonique est une combinaison de ce gaz avec la substance albuminoïde ; on peut le démontrer comme on l'a fait pour l'albumine ordinaire coagulée. Dix grammes de globuline coagulée et supposée sèche, dégagent par le vide et la chaleur environ 6^{cc} d'acide carbonique et, après une addition d'acide tartrique ils en donnent une nouvelle proportion qui s'élève à 18 ou 20^{cc} ; total 24 ou 26^{cc}, ce qui revient à 250^{cc} d'acide carbonique environ 0/0, la moitié de ce que renferme l'albumine proprement dite. Le poids de la substance sèche s'obtient encore par comparaison, car l'acide tartrique ne redissout pas la globuline desséchée : cent grammes de globuline coagulée et humide ont été réduits à 8gr67 par la dessiccation ; elle perd donc par évaporation un peu plus des 9 dixièmes de son poids.

La combinaison qui se produit à la température ordinaire entre la globuline et l'acide carbonique est assez instable. Un courant d'air ou le passage d'un gaz neutre, hydrogène, azote, etc., déplace l'acide carbonique et désagrége le précipité qui se redissout peu à peu ; au contraire, une température de 100°, l'immersion dans l'eau chaude ou dans l'alcool, rendent définitive la combinaison de la globuline avec l'acide carbonique. Le caillot après l'action de la chaleur décompose toujours l'eau oxygénée, mais un courant d'air n'est plus capable de le faire disparaitre. La globuline soluble s'est transformée en globuline insoluble, de même que l'on voit la fibrine veineuse prendre les caractères de la fibrine artérielle dans les mêmes conditions (Denis).

§ Analogies entre la globuline et la protéine de Mulder.

Nous venons de voir que l'albumine, privée d'acide carbonique et de sels volatils, se transforme en globuline. Des expériences d'un ordre un peu différent conduisent à un résultat analogue. De la caséine et de l'albumine, coagulées et lavées, se transforment également en globuline, lorsqu'on les redissout par l'ammoniaque et lorsqu'on leur enlève, par la dessiccation, non-seulement l'acide qui a servi à les coaguler, mais la totalité des sels volatils qui s'y trouvaient ; la fibrine se comporte de même et régénère une substance soluble et coagulable à froid par l'acide carbonique. Ces divers produits ne se distinguent que par une légère acidité de la globuline extraite du cristallin, des épanchements séreux ou des globules sanguins. Chacun d'eux présente le caractère indiqué pour la première fois par Kühne : ils précipitent spontanément par un courant d'acide carbonique et le précipité obtenu se redissout si l'on fait passer dans la liqueur un courant d'air ou de tout autre gaz neutre, tel que l'hydrogène ou l'azote.

Il est à remarquer que le caractère distinctif de la globuline se retrouve dans presque tous les liquides albumineux normaux; mais, pour le rendre saillant, il faut favoriser le départ des sels ammoniacaux qui s'y rencontrent. On réalise cette condition en étendant la liqueur d'eau distillée et en prolongeant le passage du courant gazeux, qui agit sans doute en déplaçant le carbonate d'ammoniaque avant de déterminer la coagulation. Ainsi, un épanchement séreux étendu, une dissolution de globules sanguins, de l'albumine ou du sérum dilués, se coagulent à froid plus ou moins rapidement sous l'influence de l'acide carbonique. Cette coagulation est immédiate et à peu près complète, si, par le vide et la chaleur, ou mieux par la dialyse, on a enlevé totalement les sels volatils renfermés en quantité variable dans ces différents liquides.

En diluant fortement de l'albumine et en l'abandonnant à l'air, l'élimination des mêmes sels sera encore possible, avec le temps, et l'acide carbonique pourra exercer son action coagulante à la température ordinaire; de là la transformation de l'albumine en fibrine, signalée par M. Goodman[1], car le coagulum de globuline décompose l'eau oxygénée.

La globuline, provenant de la transformation de l'albumine, peut être obtenue en solution ou desséchée. Lorsque le produit sec est redissous, il se comporte comme la solution primitive. Mais la globuline est une substance très-altérable à l'air; même desséchée, elle perd peu à peu ses propriétés et recouvre celles de l'albumine; sa solution n'est plus coagulée à froid par l'acide carbonique, tandis que, chauffée, elle donne un coagulum comme l'albumine ordinaire. Ce retour provient d'une oxydation lente de la substance azotée, d'où résultent de l'acide carbonique, en même temps qu'une petite quantité d'ammoniaque; l'analyse des gaz et des produits volatils, donnés par la globuline conservée, démontre la réapparition de l'acide carbonique et de traces de carbonate ammoniacal.

Les altérations de ce genre expliquent comment M. Gautier[2] a pu transformer en un liquide albumineux une solution de fibrine, corps très-analogue à la globuline. En reprenant de la fibrine ou de la globuline coagulée, par une solution de chlorure de sodium, et en

<hr>

[1] Goodman, *Chem. News*, janv. 1872.
[2] Gautier, *C. r. Acad. des sciences*, 27 juillet, 1874.

soumettant le tout à la dialyse, on obtient un liquide coagulable par la chaleur, surtout si l'opération a été prolongée. Cette transformation est due à un phénomène d'oxydation, qui a donné naissance à de l'acide carbonique et à de l'ammoniaque. Ainsi la ligne de démarcation entre la globuline, l'albumine et la fibrine peut être facilement franchie, et avec l'une de ces substances on obtient les deux autres ou leur équivalent.

La globuline, en effet, présente un ensemble de propriétés qu'elle semble emprunter aux différentes substances protéiques. Privée de gaz, elle a de l'analogie avec l'albuminose, liquide incoagulable par la chaleur et par l'alcool ; coagulée par l'acide carbonique, elle décompose l'eau oxygénée comme la fibrine ; en solution, elle est précipitée par le sulfate de magnésie en poudre et le dépôt se redissout dans l'eau pure ; la caséine et la plasmine de Denis ne se comportent pas différemment. M. Wurtz [1] a reconnu que la caséine, privée des phosphates qu'elle renferme, prend les caractères de la globuline ; elle devient coagulable à froid par l'acide carbonique et le précipité disparait sous l'action d'un courant d'air ; réciproquement, de la globuline dissoute que l'on additionne de phosphates solubles dans la proportion de 0^g40 ou 0^g60 0/0, acquiert les propriétés de la caséine ; les acides lactique et acétique la précipitent à la température ordinaire, mais l'acide carbonique ne la coagule

---

[1] Wurtz. *Dict. de chimie*, art. CASÉINE.

plus. Enfin, une solution un peu concentrée de globuline se prend en une masse gélatineuse, comme la myosine, lorsqu'on la laisse au contact d'une atmosphère d'acide carbonique, et par l'agitation à l'air le coagulum disparaît.

Cependant on peut objecter que ces transformations ne sont qu'apparentes, puisque les différentes variétés d'albumine sont douées d'un pouvoir rotatoire caractéristique, et que la globuline, préparée artificiellement, est sans action sur la lumière polarisée. Mais la difficulté d'isoler ces substances à l'état de pureté, la présence bien constatée d'une matière sucrée réduisant la liqueur de Fehling, notamment dans l'albumine, ne permettent pas d'attacher à ce caractère physique une importance décisive.

En résumé, si l'on ajoute du carbonate d'ammoniaque à une solution de globuline, on fait une substance douée des propriétés de l'albumine ; si on lui rend des phosphates alcalins, elle prend les caractères de la caséine ; si on la précipite par l'acide carbonique, elle se transforme en une matière fibrineuse. La globuline à l'état soluble n'est-elle pas comparable à la protéine de Mulder, et ne doit-on pas la considérer comme l'origine des diverses substances albuminoïdes? Cet essai de généralisation mériterait d'être poursuivi, mais il suffit pour montrer l'influence des gaz et des sels sur les propriétés des matières coagulables.

CHAPITRE III.

Substances qui entrent dans la composition de l'albumine ordinaire.

On considère généralement le liquide visqueux qui entoure le vitellus comme de l'albumine pure, à part quelques sels fixes. Cette manière de voir est loin d'être exacte ; la composition du blanc d'œuf est complexe, plus complexe peut-être que celle du lait. La présence de sels fixes, de sels volatils et de composés organiques, tels que le sucre et la fibrine, en font une substance très-analogue au sang. Le sérum, qui n'est qu'une variété d'albumine, manque de fibrine et quelquefois de sucre ; mais cette réserve faite, les considérations dans lesquelles nous allons entrer lui sont applicables.

1º Les sels fixes et leur influence sur la coagulation de l'albumine par la chaleur.

L'albumine ordinaire renferme des sels fixes et volatils ; l'influence de ces derniers, jusqu'ici peu étudiée, a fait le sujet du paragraphe précédent, mais les uns et les autres méritent d'attirer l'attention. Les sels fixes, auxquels Denis déjà avait attribué une grande importance [1], entrent dans la composition de l'albumine de

[1] Denis, *Nouvelles études sur les substances albumineuses*, 1856.

l'œuf et du sérum dans la proportion de 0ᵍ60 à 0ᵍ80 pour 100ᶜᶜ de liquide. Ces sels consistent en chlorures, phosphates, sulfates et carbonates ; leur présence modifie sensiblement les propriétés des substances albumineuses.

De l'albumine privée de son acide carbonique et, par suite incoagulable par la chaleur, se coagule lorsqu'on y ajoute un sel neutre, si l'on vient à élever un peu sa température. Après l'expérience, on constate que la solution a acquis une alcalinité plus prononcée. On a vu d'ailleurs que les acides entrent dans la composition d'une albumine coagulée. On est donc conduit à admettre qu'une portion de l'acide du sel s'est combinée à l'albumine pour former un coagulum insoluble, tandis qu'une quantité correspondante de base alcaline est devenue libre. Il est facile de contrôler cette assertion en isolant le précipité obtenu par un sulfate, par exemple, et en faisant son analyse après un lavage prolongé ; le soufre se retrouve dans le coagulum en quantité bien supérieure à celle que renferme l'albumine normale.

De l'albumine ordinaire, additionnée d'un sel fixe, se coagule aussi à une température inférieure à 60° ; lorsque l'opération a lieu dans le vide, on constate en même temps le dégagement d'une partie de l'acide carbonique qu'elle contient.

La conséquence de cette action des sels fixes, c'est que l'albumine coagulée par la chaleur est un produit complexe qui renferme non-seulement la combinaison de la

ration. Dans cette seconde expérience, les sels ammoniacaux se répandent dans l'atmosphère en même temps
matière albuminoïde avec l'acide carbonique, mais encore d'autres composés albumineux, produits à 50 ou
60°, dans la constitution desquels entrent les acides des
différents sels, contenus dans le blanc d'œuf ou le sérum
du sang. Comme des lavages de ce coagulum mixte,
quelque prolongés qu'ils soient, ne peuvent pas le débarrasser des acides combinés à l'albumine, on comprend
que Mulder ait fait entrer le soufre et le phosphore dans
la composition élémentaire de cette substance.

2° La fibrine et les expériences de M. Goodman.

L'albumine de l'œuf étendue d'eau précipite spontanément. On a attribué ce dépôt à l'hydratation de membranes invisibles qui formeraient des aréoles dans lesquelles
le liquide serait contenu. L'examen au miscroscope de l'albumine durcie par la cuisson ou congelée ne plaide pas
beaucoup en faveur d'un cloisonnement compliqué; ensuite les mêmes flocons lamelleux et abondants se produisent, si l'on filtre l'albumine à travers un linge fin
avant de la diluer. Enfin, ils augmentent et prennent l'aspect fibrillaire, si l'on bat la solution albumineuse ou si
on y fait passer un courant d'air.

Denis regarde la production de ces filaments comme
caractéristique de l'albumine provenant de l'œuf. Mais il
fait remarquer que le premier coagulum produit par

simple addition d'eau distillée est soluble dans une solution de chlorure de sodium au 10ᵉ, tandis que le second, provoqué par l'agitation à l'air, ne se dissout pas dans le même réactif. Ce sont là les caractères qu'il invoque ailleurs pour différencier les deux variétés de globuline, ou la fibrine du sang veineux de celle du sang artériel.

M. Goodmann [1] a observé que l'albumine, suspendue en filaments dans l'eau froide et exposée pendant quelque temps à cette seule action, perd ses caractères d'albumine et prend l'apparence et les propriétés de la fibrine. Elle se coagule indépendamment de l'influence de la chaleur, et demeure insoluble ; ainsi transformée, elle décompose l'eau oxygénée avec effervescence et présente sous le microscope le même aspect que la fibrine du sang. Nous avons déjà signalé dans le chapitre précédent cette coagulation spontanée, due à l'action de l'acide carbonique, se produisant à la température ordinaire, après l'élimination des sels ammoniacaux que renferme l'albumine. Cette élimination est obtenue ici par simple diffusion dans l'eau pure, mais on peut l'obtenir également soit par la dialyse, soit par la distillation dans le vide.

Une coagulation analogue se produit lorsqu'on soumet de l'albumine fortement diluée à une longue exposition à l'air, dans un vase présentant une large surface d'évapo-

---

[1] Goodman, *loc. cit.* et *Revue scientif.*, 1872, p. 993.

que les gaz ; les coagulums qui se forment paraissent se lier à la transformation du sucre en acide carbonique par lente oxydation à l'air. Ces divers précipités décomposent l'eau oxygénée et sont en tout comparables à la fibrine du sang ou à la globuline, rapprochement sur lequel nous avons déjà insisté.

3° Le sucre, origine probable de la réaction acide que présente l'albumine un peu ancienne.

De l'albumine coagulée, broyée avec son poids d'eau et jetée sur un filtre, donne un liquide qui contient à la fois du sucre dont on constate la présence au moyen de la liqueur de Fehling, et une substance albuminoïde précipitable par le bichlorure de mercure. Le sucre a déjà été signalé par M. Cl. Bernard dans l'albumine de l'œuf ; nous l'avons rencontré dans la proportion de 0^g30 0/0. M. Schutzenberger [1] indique 0^g50 0/0; c'est-à-dire qu'un œuf récemment pondu, qui contient 25 à 30^{cc} d'albumine, renferme 0^g10 ou 0^g20 de sucre.

Si de l'albumine est abandonnée au contact de l'air, la quantité de sucre qu'elle contenait primitivement diminue et tend à disparaître ; il se forme en même temps de l'acide lactique. L'expérience étant répétée sous une cloche, on remarque que cette transformation du sucre est accompagnée d'une absorption d'oxygène et d'une production d'acide carbonique (V. *exp.* 59 et 60), c'est

---

[1] Schutzenberger, *Chimie appliquée à la physiol.*, 1864, p. 229.

une réaction semblable à celle que l'on observe dans la coagulation spontanée des muscles et du lait (V. *exp.* 57 et 58). Cette formation d'acide carbonique contribue à augmenter la proportion de gaz acide, contenu dans l'albumine retirée d'un œuf déjà ancien ; nous avons été à même de constater plusieurs fois cette augmentation (V. *exp.* 54).

De l'albumine ordinaire que l'on abandonne à l'air se recouvre de moisissures et prend une réaction acide[1]. La présence du sucre dans le blanc d'œuf ou le sérum explique cette acidité, qui ne persiste pas, parce que la fermentation provoquée par les penicilliums détruit la substance hydrocarbonée et l'acide lactique qui en provient. Elle fait bientôt place à une réaction alcaline, parce que les oxydations qui portent sur le carbone des matières azotées, après la disparition du sucre, donnent lieu à une production d'ammoniaque.

4° L'albumine pure, ses oxydations à l'air et son dédoublement en ammoniaque et en acides hydrocarbonés.

Une substance azotée soluble constitue la majeure partie des liquides albumineux. Plusieurs auteurs ont attribué sa solubilité aux sels de soude qu'elle renferme ; mais, si on la purifie sans éliminer l'acide carbonique qu'elle tient en dissolution, ce gaz la coagule spontanément, et des sels doivent intervenir pour redissoudre le

---

[1] Andral et Gavarret, *Ann. de phys. et ch.*, 1843, t. VIII, p. 385.

coagulum. Au contraire, lorsqu'on la débarrasse simultanément de gaz et de sels, en la dialysant par exemp'e,
elle conserve sa solubilité. On peut donc la considérer
comme soluble par elle-même, bien que la proportion
définie de base alcaline qui entre dans la composition du
sérum ou du blanc d'œuf soit peut-être l'indice d'une
combinaison de la soude avec la substance protéique
(M. Wurtz).

Nous avons indiqué un procédé pour l'isoler en passant d'une albumine coagulée à une albumine soluble.
Lorsque de l'albumine ainsi purifiée, complétement
exempte de sucre, est abandonnée au contact d'une atmosphère limitée, on observe des phénomènes tout semblables à ceux qui ont été relatés ci-dessus. Il y a absorption d'oxygène, dégagement d'acide carbonique et formation d'un acide que nous avons reconnu être l'acide
lactique. En même temps, la liqueur devient fortement
alcaline, par suite de l'apparition de l'ammoniaque ou
plutôt du carbonate d'ammoniaque. Notons ici que ces
oxydations spontanées sont plus rapides si la liqueur
renferme des éléments figurés, empruntés à l'extérieur
ou à l'organisme animal (V. *exp.* 51).

Les produits acides et ammoniacaux de l'oxydation des
matières azotées se retrouvent lorsqu'on oxyde artificiellement et lentement de l'albumine purifiée, par exemple,
en y mélant peu à peu une solution étendue de permanganate de potasse. On constate la production des acides
lactique et formique, en reprenant le liquide par l'alcool

et l'oxyde de zinc. Il résulte de ces expériences que l'albumine, soumise à des influences oxydantes, se comporte comme une substance hydrocarbonée associée à l'ammoniaque.

Depuis les indications de Hunt, on est porté à considérer les albuminoïdes comme pouvant dériver de l'action de l'ammoniaque sur les principes immédiats ternaires des végétaux. Les faits plaidant dans ce sens s'accumulent peu à peu ; ils ont été résumés par M. Schutzenberger [1], nous ne voulons pas les reproduire.

Mais il en est un qui mérite d'être signalé et qui imprime un caractère uniforme aux substances azotées et aux corps dérivés du sucre, c'est le dégagement d'oxyde de carbone auquel donnent naissance ces produits, sous l'influence de l'acide sulfurique bouillant. La cellulose, l'amidon, les différents sucres, ainsi que les glucosides, jouissent de cette propriété ; les acides lactique, oxalique, formique, etc., à la préparation desquels le sucre peut être employé, la possèdent également. Le glycocolle, que l'on extrait de la gélatine et de l'albumine, présente le même caractère. De même, en recherchant de l'acide lactique dans la caséine normale, nous avons trouvé que la caséine, l'albumine et la fibrine donnent de l'oxyde de carbone, lorsque ces substances sont traitées par l'acide sulfurique bouillant. Cette production d'oxyde de carbone sous l'influence de

[1] Schutzemberg, *loc. cit.*, p. 27.

l'acide sulfurique établit une certaine analogie entre les composés quaternaires et les corps hydrocarbonés ou leurs dérivés.

D'un autre côté, les mêmes substances azotées dégagent de l'ammoniaque lorsqu'on les traite par une base fixe, et le résidu donne encore de l'oxyde de carbone par ébullition avec l'acide sulfurique. Enfin, lorsqu'on fait agir sous pression l'ammoniaque sur le sucre, on peut, au moyen du chlorure de mercure, isoler du produit de la réaction une matière azotée, incoagulable par la chaleur, l'alcool ou l'acide azotique, mais précipitable par le tannin et le chlorure de mercure. Or ce sont là précisément les caractères que présente l'albumine ordinaire lorsqu'elle a été maintenue pendant longtemps à une température un peu inférieure à celle de sa coagulation, ou encore le produit soluble que l'on obtient en chauffant dans un tube scellé de l'albumine coagulée avec de l'eau.

N'est-il pas permis de conclure de ces résultats que l'ammoniaque en réagissant sur le sucre ou sur ses homologues doit conduire à la synthèse des substances protéiques?

CHAPITRE IV.

Modes de préparation de l'albumine incoagulable par la chaleur.

L'albumine contient à la fois des gaz et des sels volatils. L'extraction des gaz rend l'albumine incoagulable par la chaleur; l'extraction simultanée des gaz et des sels volatils la rend non-seulement incoagulable par la chaleur, mais la convertit en une substance que nous savons être la globuline. Les mêmes traitements un peu modifiés conduisent aux deux résultats; aussi, afin d'éviter des redites, nous avons consacré un chapitre spécial au manuel des expériences.

D'une manière générale, plus l'albumine est étendue d'eau et plus elle est portée à une température élevée, plus les sels ammoniacaux ont de la tendance à s'échapper en même temps que l'acide carbonique. Si l'on emploie une albumine peu étendue, en la maintenant à une température de 45 ou 50°, on obtient un liquide albumineux privé de gaz, incoagulable par la chaleur, et conservant une quantité suffisante de sels ammoniacaux pour que l'acide carbonique ne le coagule pas à froid. Au contraire, si l'on prolonge l'action de la chaleur sur une albumine très-diluée, les gaz et les sels volatils se dégagent simultanément; le produit est de la globuline, coagulable à la température ordinaire par l'acide carbonique ; mais il suffit d'une légère addition de carbonate d'ammoniaque pour repasser de la globuline à l'albumine.

Nous indiquerons deux procédés pour extraire l'acide carbonique et les sels volatils contenus dans l'albumine normale.

1° Procédés d'extraction des gaz et des sels volatils par le vide et la chaleur.

La disposition la plus commode pour extraire les gaz de l'albumine avec la machine pneumatique à mercure est celle reproduite *fig.* 1. Un ballon B muni de deux tubulures constitue le récipient de l'appareil. La tubulure A porte un robinet R, surmonté d'un entonnoir, pour permettre l'introduction de l'albumine ; la tubulure C établit la continuité entre le ballon et la machine pneumatique M. Mais, entre ces deux parties, on a interposé une allonge CD, afin d'empêcher la mousse très-persistante que produit l'albumine d'être entraînée jusque dans la pompe à mercure.

L'albumine introduite telle quelle dans l'appareil tendrait à se dessécher sans perdre aucun de ses gaz ; pour lui enlever son acide carbonique, il est donc nécessaire de l'étendre d'eau distillée et de la chauffer progressivement au bain-marie jusqu'à la température de 60°. L'albumine qui constitue le sérum du sang se comporte très-bien, lorsqu'on l'a additionnée de son volume d'eau ;

mais, avec l'albumine de l'œuf, à moins de la diluer 12 ou 15 fois, il se forme constamment des coagulums dans le récipient où s'effectue la séparation des gaz. Ces produits, plus ou moins abondants suivant la manière dont l'opération est conduite, se réunissent sous forme de réseau à la partie supérieure du ballon, longtemps avant que la température n'atteigne 60°.

On doit rattacher ces coagulations anormales, non pas à la chaleur, mais à l'acide carbonique qui se dégage et agit sur la mousse que forme la solution albumineuse. Un courant d'acide carbonique passant au travers d'une solution étendue d'albumine détermine un phénomène analogue, surtout si le liquide est légèrement chauffé. Il faut admettre que ces coagulums résultent d'une transformation partielle de l'albumine en globuline, par suite du départ d'une partie des sels ammoniacaux qu'elle renferme. Après l'extraction des gaz, on sépare ces produits par la filtration, et l'on obtient une solution transparente, incoagulable même à une température de 100°.

Si l'on arrive à la température de l'ébullition, l'albumine étant toujours dans l'appareil, ou bien si on l'a fortement diluée, les sels volatils passent avec les dernières traces d'acide carbonique, et on a de la globuline. Les sels ammoniacaux peuvent se doser en interposant un vase E sur le tube de caoutchouc qui relie le récipient à la pompe à mercure. On y a mis au préalable une solution d'acide sulfurique titré ; une pince F peut oblitérer momentanément le tube élastique et s'opposer à l'aspiration du liquide, par suite d'une condensation de vapeur survenue dans le ballon.

2° Procédés d'extraction des produits gazeux et volatils par dessiccation.

Cette méthode permet d'extraire l'acide carbonique et les sels ammoniacaux contenus dans l'albumine, sans qu'il soit nécessaire d'avoir recours à la machine pneumatique à mercure.

En desséchant de l'albumine diluée, à une température inférieure à 60°, on peut obtenir une substance soluble, privée d'acide carbonique et incoagulable par la chaleur, mais dont la solution redevient coagulable si on lui rend l'acide carbonique qui s'est dégagé pendant l'évaporation. Ce procédé très-simple est délicat à employer; trop diluée, l'albumine desséchée à l'air perd ses sels ammoniacaux; trop concentrée ou en couche trop épaisse, au contraire, elle abandonne son acide carbonique incomplétement. On opère avec plus de sécurité en additionnant la solution albumineuse de quelques gouttes d'ammoniaque; l'alcali volatil s'oppose à toute coagulation, et, par suite, permet d'avoir recours à une température plus élevée sans inconvénient.

La transformation de l'albumine, après la dessiccation, en un produit soluble mais incoagulable offre quelque intérêt au point de vue pratique. Dans certaines fabriques d'albumine, on la prépare avec le sérum du sang que l'on dessèche à l'aide d'un courant d'air chaud, qui ne doit jamais dépasser 45 ou même 35° [1]. Cette règle, à laquelle on a été conduit empiriquement, emprunte son opportunité précisément au départ de l'acide carbonique, rendu possible par la chaleur. Une température supérieure à 45° exposerait à des coagulations partielles, ou rendrait l'albumine incoagulable faute d'acide carbonique, c'est-à-dire sans utilité dans l'industrie.

A côté des procédés de dessiccation par la chaleur se place la méthode de dessiccation à la température ordinaire. Celle-ci est préférable quoique plus lente ; elle met à l'abri des altérations qu'une température trop élevée ou trop prolongée fait subir à l'albumine.

La disposition de l'appareil consiste à placer sous une cloche trois vases superposés contenant l'un l'albumine à dessécher, l'autre de l'acide sulfurique, le troisième des fragments de potasse caustique fondue ou de la chaux vive. Celle-ci fixe l'acide carbonique qui se dégage, tandis que l'acide sulfurique s'empare de l'alcali volatil que renferme la solution albumineuse. Les deux absorbent les vapeurs d'eau à mesure qu'elles se forment. L'albumine doit être suffisamment diluée, et comme la dessiccation est lente, il est prudent d'ajouter un peu d'ammoniaque de manière à empêcher des altérations spontanées. On pourrait aussi bien remplacer l'air par un gaz inactif, azote, hydrogène ou oxyde de carbone, ainsi qu'on doit le faire lorsqu'on prépare du sang incoagulable par cette méthode.

[1] Girardin, *Chimie industrielle*, 1863, t. III, p. 559.

Cette manière d'opérer s'applique non-seulement à l'extraction de l'acide carbonique et des sels volatils de l'albumine normale, mais encore à la régénération de la fibrine, de la caséine et de l'albumine, coagulées spontanément ou par un acide volatil. On obtient de l'albumine soluble avec de l'albumine déjà coagulée, en redissolvant le coagulum par l'ammoniaque, le mélange étant placé dans un vase fermé et porté à une douce température. La dissolution achevée, il faut chasser le carbonate d'ammoniaque qui a pris naissance et l'ammoniaque ajoutée en excès. On y arrive en desséchant le produit par l'une des méthodes précédemment indiquées.

Enfin, la transformation de l'albumine en globuline peut être obtenue en soumettant à la *dialyse* une albumine étendue de 10 ou 12 fois son volume d'eau. Cette dernière méthode élimine simultanément les sels fixes, les sels volatils et les gaz. Il est bon d'opérer par une température froide ou à l'abri de l'oxygène ambiant, afin d'éviter des phénomènes d'oxydation qui mettent en liberté du carbonate d'ammoniaque. En été et à l'air libre les résultats sont négatifs.

QUATRIÈME PARTIE.

LA CASÉINE ET LA COAGULATION DU LAIT.

Les expériences précédentes établissent une relation
entre la coagulation des substances albuminoïdes et les
gaz qu'elles renferment, ou l'air qui reste à leur contact
lorsqu'il s'agit des tissus musculaires. Ces données, ap-
pliquées à la coagulation du lait, permettent d'attribuer
une certaine importance à l'oxygène ambiant, mais les
gaz en dissolution seraient sans influence; ils n'existent
qu'en faible proportion dans le liquide et la caséine
peut se coaguler sans qu'ils augmentent d'une manière
sensible.

L'acide lactique à la température ordinaire, et les
lactates alcalins à 50 ou 60°, seraient la cause de la
coagulation du lait, spontanée ou provoquée par la chaleur.

Nous démontrerons: 1° que le lait en voie de coagulation absorbe de l'oxygène et dégage de l'acide carbonique; 2° que l'acide lactique qui apparaît pendant la

coagulation se retrouve dans le caséum. A ces deux dé-
monstrations, nous rattacherons l'influence des oxydations sur la transformation du sucre en un acide isomère,
et l'influence des sels neutres chauffés avec du lait, pour
produire la coagulation de ce liquide.

CHAPITRE Ier.

Le lait en voie de coagulation absorbe de l'oxygène et dégage de l'acide carbonique.

L'analyse quantitative des gaz en dissolution dans le
lait, justifie cette proposition jusqu'à un certain point.

Exp. 56. — *Proportion de gaz contenus dans 100cc de lait.*

	1° LAIT		2° LAIT	
	Ordinaire.	Ordinaire.	Bouilli.	Non bouilli.
$O =$ 0cc,30		0,35	0,20	0,40
$CO^2 =$ 4,17		6,18	0,69	9,60

	3° LAIT		4° LAIT	
	Récent.	Conservé.	Ordinaire.	Battu à l'air.
$O =$ 0cc,35		0,10	0,25	0,40
$CO^2 =$ 2,00		17,90	3,00	1,50

La quantité d'acide carbonique que renferme le lait
augmente, d'après ces analyses, à mesure qu'il est exposé
plus longtemps à l'air, dans un repos parfait. Au con-

traire, la proportion d'oxygène diminue, bien qu'un dé-
cilitre de lait en contienne moins que le même volume
d'eau ordinaire. Il semble que le gaz emprunté à l'atmosphère, soit absorbé et transformé en acide carbonique. Afin de vérifier si une oxydation précédait la coagulation du lait, nous avons employé deux procédés ;
l'un indirect ou de conservation dans le vide, l'autre
direct consistant à doser les gaz absorbés et dégagés
par du lait, laissé au contact d'une atmosphère limitée.

Exp. 57. — *Quantité d'oxygène absorbé et d'acide carbonique
dégagé par 10cc de lait placé dans une atmosphère limitée,
la surface d'échange étant de 2 centimètres carrés.*

Temp. 10°.	Après 2h.	En 18h.	En 48h.	En 3 j.	En 5 j.	En 8 j.
O absorbé $=$ 0cc,90	1,32	1,75	2,46	2,62	5,66
CO^2 dégagé $=$ traces	0,40	1,20	2,20	3,60	6,00

	LAIT ORD. EN 6h.		MÊME LAIT EN 24h.		LAIT BOUILLI EN 24h.	
	Temp. 18°.	Temp. 32°.	Temp. 18°.	Temp. 32°.	Temp. 18°.	Temp. 32°.
O absorbé $=$ 0cc,93	1,26	2,62	5,00	0,48	1,00
CO^2 dégagé $=$ traces	0,30	3,21	5,82	0,53	1,82

Ces analyses prouvent que le lait s'oxyde à l'air. Généralement, l'absorption d'oxygène et le dégagement
d'acide carbonique croissent en proportion du temps
écoulé depuis le début de l'expérience. Une température
de 25 ou 30° favorise l'échange, qui est ralenti mais non
suspendu par l'ébullition. La nappe de matières grasses
qui se forme à la surface du lait paraît gêner cette lente
combustion, sans l'empêcher ; ce résultat vient à l'appui

de nos expériences sur l'influence soi-disant isolante d'une couche d'huile (V. *exp.* 36 et 44). Enfin la fixation de l'oxygène et la production de l'acide carbonique ne sont pas interrompues par la coagulation. Devait-on admettre une relation entre ces phénomènes et la formation du coagulum.

On sait, depuis les expériences de M. Pasteur, que du lait porté à 120° et maintenu dans le vide, peut se conserver indéfiniment sans se coaguler, la température à laquelle il a été soumis ayant pour résultat de le rendre incoagulable, s'il reste à l'abri des germes atmosphériques. Le but que nous poursuivions était tout différent. Il s'agissait non pas de mettre obstacle à la coagulation, mais de voir si elle se produirait en l'absence d'oxygène. Si la coagulation était une conséquence de ces oxydations, le lait devait se conserver également bien, sans ébullition préalable, du moment qu'on l'avait soustrait au contact de l'air.

Les expériences de conservation dans le vide du lait, non bouilli, ne réussissent qu'à une température très-basse; lorsque celle-ci s'élève, la coagulation se produit, quelquefois après un temps très-court. Mais, en analysant les gaz dégagés pendant cette coagulation survenue à l'abri de l'air, on trouve de l'*hydrogène* et de l'acide carbonique en quantité très-notable. Ce dégagement est d'autant plus abondant que la coagulation est plus complète et la température plus élevée. Le petit-lait séparé du caséum est très-acide; il n'a pas d'odeur butyrique;

il renferme de l'acide lactique, comme celui qui provient du lait coagulé dans les conditions ordinaires.

EXP. 58. — *Proportion de gaz dégagés par 100cc de lait non bouilli et coagulé spontanément dans le vide.*

	En 24 h.	En 2 j.	En 3 j.	En 5 j.	En 12 j.
Hydrogène =	2cc20	4,60	5,00	6,90	10,00
Acide carbonique =	48cc00	50,18	54,80	69,40	79,00

L'apparition de l'hydrogène dans le vide de l'appareil était un fait très-remarquable, puisque ce gaz ne se trouve normalement ni dans le lait, ni dans l'air laissé à son contact. Le coagulum paraissait normal et sa formation pouvait s'expliquer par la destruction de l'une des substances qui entrent dans la constitution du lait. Il était possible qu'une oxydation précédât encore la coagulation; seulement l'oxygène, emprunté à l'atmosphère lorsque la coagulation a lieu dans un vase ouvert, serait pris à l'un des principes constitutifs du lait lorsqu'elle se produit dans la chambre barométrique.

Dans chacune de ces expériences, l'acidité augmente à mesure que les oxydations se prononcent davantage. Il y avait à examiner si le sucre de lait et les corps hydro-carbonés présentaient les mêmes phénomènes au moment de leur conversion en acide lactique.

§ **Une oxydation accompagne toujours la conversion du sucre en acide lactique.**

Il est reconnu que le lactose se transforme en acide lactique dans le lait en voie de coagulation ; on devait donc rechercher si cette transformation, limitée au sucre, était accompagnée d'une absorption d'oxygène et d'une production d'acide carbonique, analogue à celle que l'on remarque pendant la coagulation du liquide physiologique. Or, on observe qu'une solution sucrée, additionnée de penicilliums ou d'un fragment de caséine, laissée au contact de l'air sous une éprouvette renversée sur le mercure, absorbe de l'oxygène et dégage de l'acide carbonique, en même temps que le sucre se convertit en acide lactique.

Exp. 59. — *Gaz dégagés et absorbés par* 10^{cc} *d'une solution de lactose en fermentation lactique, laissée au contact de* 50^{cc} *d'air.*

Temp. 18°.	En 24 h.	En 2 j.	En 3 j.	En 4 j.	En 5 j.	En 6 j.	En 7 j.
O absorbé $= 0^{cc},76$	1,70	2,50	5,73	6,37	6,44	9,10	
CO_2 dégagé $= 0^{cc},17$	0,54	2,15	3,90	4,87	5,11	7,90	

	LACTOSE.		GLUCOSE.	
En 7 jours.	Temp. 20°.	Temp. 4°.	Temp. 4°.	Temp. 20°.
O absorbé $= 10^{cc},50$		1,16	5,12	10,50
CO_2 dégagé $= 15^{cc},91$		0,80	6,60	13,60

	SACCHAROSE.	DEXTRINE.	AMIDON.
	Temp. 20°.	Temp. 20°.	Temp. 20°.
O absorbé	$10^{cc},00$	10,50	8,00
CO_2 dégagé	$19^{cc},45$	15,15	9,00

Le sucre cristallisable, la dextrine et l'amidon se comportent comme les sucres de lait ou de raisin ; pendant leur transformation acide, il y a absorption d'oxygène et dégagement d'acide carbonique.

En laissant fermenter pendant 5 jours, au contact de l'oxygène, le mélange de sucre de lait (3 gram.), de car-

bonate de chaux et de caséine, indiqué pour la prépara-
ration de l'acide lactique, il y a eu une absorption
d'oxygène de 22^{cc} et une production d'acide carbonique
de 71^{cc}50. Après 9 jours, le même mélange avait absorbé
32^{cc}40 d'oxygène et dégagé 126^{cc}90 d'acide carbonique.
Une grande partie de ce dernier acide provenait évidem-
ment du carbonate de chaux décomposé, mais l'absorption de l'oxygène est l'indice certain de la combustion
qui accompagnerait toujours la transformation du sucre
en acide lactique.

Enfin, du sucre en dissolution, additionné d'un ferment lactique et placé dans le vide, se transforme en
acide lactique, mais avec production d'*hydrogène* et
d'acide carbonique, comme le lait dans les mêmes circonstances. La seule réserve à faire, c'est que la transformation qui se continue jusqu'à épuisement de la matière sucrée, lorsqu'elle s'effectue à l'air libre, s'arrête
après un temps assez court lorsqu'elle se produit dans le
vide.

EXP. 60. — *Gaz dégagés par du sucre en fermentation lactique
dans le vide.*

	GLUCOSE.		LACTOSE.	
	Après 7 j.	Après 7 j.	Après 10 j.	Après 8 j.
Hydrogène = 2^{cc},00	1,00	3,00	2,75
Acide carbonique = 9^{cc},00	5,50	10,40	10,50

RAPPORT ENTRE LES DEUX GAZ.

	Sucre.	Lait.	Muscles.
H = 1,00	1,00	1,00
CO^2 = 4,00	10,50	11,00

C'est-à-dire que du sucre en fermentation lactique dans le vide donne de l'hydrogène et de l'acide carbonique, à peu près dans dans la proportion de 20 d'hydrogène pour 80 d'acide carbonique. Ce rapport est plus faible lorsqu'on opère sur le lait, ou lorsque du tissu musculaire se coagule dans le vide. Il exclut la fermentation butyrique qui donnerait des volumes égaux des deux gaz ; d'ailleurs, on ne retrouve pas d'acide butyrique dans la liqueur, tandis que l'alcool et l'oxyde de zinc permettent d'en séparer des cristaux caractéristiques de lactate de zinc.

Par conséquent, les phénomènes qui accompagnent la coagulation du lait se confondent avec ceux qui se produisent pendant la. fermentation lactique. Les oxydations et la transformation acide du sucre constituent deux phénomènes concomitants, si intimement liés l'un à l'autre que les oxydations sont lentes ou rapides suivant que la conversion du sucre marche lentement ou rapidement.

La conversion du sucre de lait et du glucose en acide lactique est due à un simple jeu d'isomérie ; aussi, l'on devait rapporter les oxydations qui accompagnent ce phénomène soit à la matière azotée, soit au ferment qui provoque la transformation isomérique du sucre. Des penicilliums en membrane, placés dans l'eau pure et laissés pendant 7 jours au contact d'un air limité à une température moyenne de 16°, ont continué à absorber de l'oxygène et à donner de l'acide carbonique, l'absorption a été de $0^{cc}96$ et le dégagement de $0^{cc}35$, la surface

d'échange étant de 2 centimètres carrés. Ces chiffres sont
très-inférieurs à ceux du tableau 59 obtenus dans des
conditions comparables. Les oxydations qui accompagnent la fermentation lactique devaient donc porter sur
la caséine ou sur le sucre qui entrent dans la constitution
du lait, les matières grasses ne pouvant être mises en
cause, puisqu'elles ne subissent aucune modification
pendant la coagulation.

Afin de vérifier si ces oxydations portaient sur la substance azotée, on a pris deux portions égales du même
lait, l'une a été coagulée directement par l'acide lactique,
l'autre a été abandonnée à la coagulation spontanée ;
ensuite on a comparé le poids des deux coagulums
obtenus. Le premier, provenant de 350^{cc} de lait, pesait
après dessiccation $25^{gr}5$, le second $22^{gr}48$; différence,
3 grammes. Dans une seconde expérience, les coagulums
ayant été, non-seulement desséchés, mais privés des matières grasses par des lavages à l'alcool et à l'éther, 175^{cc}
de lait ont donné par l'acide lactique $8^{gr}757$ de caséum
sec et spontanément $5^{gr}15$. Par conséquent, $3^{gr}607$ de
matières azotées avaient disparu pendant le temps
qu'exige la formation du coagulum à l'air. Les oxydations qui accompagnent la coagulation spontanée du lait
portaient sur la caséine.

Cependant, lorsque l'on provoque la fermentation lactique d'une solution sucrée à l'aide de quelques penicilliums on d'un très-petit fragment de caséine, les oxydations se produisent malgré la faible proportion de matière

azotée employée. Il fallait donc admettre que le sucre pouvait devenir le siége de ces oxydations. Dans cette hypothèse, le poids de l'acide lactique obtenu ne devait pas correspondre au poids du sucre employé. En effet, en prenant une solution contenant 10 grammes de sucre de lait, 10 grammes de carbonate de chaux et un petit fragment de caséine, on a trouvé, après un certain temps, que le sucre disparu pesait $2^{gr}163$, tandis que l'acide formé pesait $1^{gr}652$. Une autre fois, avec 5 grammes de lactose, 5 grammes de carbonate de chaux et un peu de caséine bien lavée, on a constaté une disparition de sucre s'élevant à $1^{gr}834$ et une production d'acide lactique représentée par $0^{gr}961$. Ainsi, à défaut de caséine, les oxydations qui accompagnent la fermentation lactique portent sur la matière hydrocarbonée et la détruisent partiellement.

Ces diverses circonstances présentent de l'intérêt au point de vue de la physiologie animale, car elles établissent une certaine analogie entre la fermentation lactique et les phénomènes qui se passent dans les muscles des êtres vivants. Dans les deux cas, la transformation isomérique de la substance hydrocarbonée devient plus rapide, lorsque les oxydations se prononcent davantage, et l'acide lactique, tout d'abord formé, finit par disparaître soit qu'il entre en combinaison, soit que, par suite d'une oxydation ultérieure, il donne naissance aux acides formique et carbonique, indiqués par M. Hermann dans le tissu musculaire.

Un phénomène assez analogue à ce dernier s'observe lorsqu'on oxyde artificiellement et lentement une matière sucrée. Un corps oxydant, tel que le permanganate de potasse, agissant lentement sur une solution de sucre de lait ou de glucose, donne naissance à de l'acide lactique, en même temps qu'à de l'acide carbonique, qui se retrouvent dans la liqueur à l'état de lactate et de carbonate de potasse. Pour obtenir un résultat satisfaisant, il faut employer une dissolution étendue de permanganate et l'ajouter peu à peu, de manière à ne pas élever la température de la solution sucrée, ce que l'on évite sûrement en maintenant à zéro le vase dans lequel se passe la réaction. L'isolement du lactate produit est facile si on opère sur le sucre de lait, car le lactate de potasse est soluble dans l'alcool, tandis que le lactose qui doit être employé en excès ne s'y dissout pas.

Si l'on ajoute trop de permanganate ou si l'opération est conduite sans ménagements, la température du mélange s'élève, et ce n'est plus du lactate que l'on obtient mais du formiate ou même simplement du carbonate de potasse. Or, ce sont précisément ces acides, formique et carbonique, qui se produisent lorsqu'on soumet l'acide lactique à des influences oxydantes, par exemple, à l'action du permanganate de potasse.

Ainsi, les oxydations dont le lait est le siége expliqueraient l'acidité qu'il acquiert avant sa coagulation. Elles seraient constantes, puisqu'une décomposition caractérisée par un dégagement d'hydrogène accompagne la fermentation du lait ou du sucre placés dans le vide. Il nous reste à voir si cet acide lactique intervient réellement dans la formation du coagulum.

CHAPITRE II.

L'acide lactique qui apparait pendant la coagulation du lait se retrouve dans la caséine.

D'après Mulder[1], Milon et M. Commaille[2], la coagulation de la caséine par un acide quelconque peut être considérée comme le résultat de la combinaison de cet acide avec la substance azotée. De notre côté, nous avons analysé les précipités que la caséine donne avec les principaux acides minéraux, comme nous l'avions fait pour les coagulums fournis par l'albumine dans les mêmes circonstances; le résultat a été le même : toujours nous avons pu constater la présence dans ces précipités de l'acide qui en avait déterminé la formation.

Mais ces expériences avaient trait à des coagulations obtenues artificiellement ; les conclusions à en tirer n'étaient pas applicables au coagulum de formation spontanée, à moins d'y retrouver l'acide lactique, agent

[1] Mulder dans Berzelius, *Rapport sur les progrès de la chimie.*
[2] Milon et Commaille, *loc. cit.*

supposé de cette précipitation. La recherche de cet acide dans un tel composé était assez délicate, aussi nous avons dû avoir recours à différentes méthodes que nous allons indiquer succinctement.

En faisant bouillir de la caséine normale, préalablement lavée à l'eau et à l'éther, avec de l'acide azotique jusqu'à dissolution complète du coagulum, on obtient une liqueur qui, après neutralisation par l'ammoniaque, précipite par le chlorure de calcium. Ce précipité, insoluble dans l'acide acétique, se dissout à froid dans l'acide azotique ; par la calcination il se transforme en carbonate de chaux ; il présente en un mot les caractères de l'oxalate de chaux. Or, l'acide oxalique est connu comme produit résultant de l'oxydation des lactates par l'acide azotique. D'ailleurs, de la caséine, obtenue par l'action des différents acides minéraux sur le lait, traitée exactement de la même manière, n'a pas donné trace d'acide oxalique. L'acide obtenu dans le premier cas devait donc résulter de la transformation de l'acide lactique, qui existerait dans la caséine coagulée spontanément.

La propriété que possède l'acide lactique et les lactates de donner de l'oxyde de carbone lorsqu'on les chauffe avec de l'acide sulfurique concentré, paraissait pouvoir être utilisée avantageusement dans cette recherche. Malheureusement, toutes les matières albuminoïdes, traitées par l'acide sulfurique bouillant, aussi bien que les différents composés ternaires neutres, cellulose, amidon, sucre, et les acides que l'on peut en faire dériver, donnent la même réaction. On a donc pu constater seulement qu'à égalité de poids, de la caséine, obtenue par coagulation spontanée, chauffée avec de l'acide sulfurique, donne une proportion d'oxyde de carbone supérieure à celle qui résulte du traitement d'une caséine précipitée par un acide minéral ou organique, comme l'acide acétique, par exemple. Dans le premier cas, on obtient de 136 à 140^{cc} d'oxyde de carbone, et dans le second, 84 à 86^{cc} seulement, pour un gramme de substance. La différence s'accuse au profit de la caséine normale ; l'acide lactique entrait dans sa composition.

Un troisième procédé consiste à recueillir en nature l'acide lactique qui se trouve à l'état de combinaison dans la caséine ordinaire. Quoique l'acide lactique ne soit pas considéré comme volatil, il est susceptible d'être entraîné par la vapeur d'eau, à une température inférieure à 100°. Ce mode d'isolement est surtout applicable en employant la pompe à mercure comme appareil de distillation. De la caséine normale, lavée et desséchée, est redissoute par une solution étendue de potasse et additionnée d'un léger excès d'acide sulfurique; après ce traitement, on distille le liquide à 60 ou 80°; l'eau que l'on recueille renferme un acide ayant tous les caractères de l'acide lactique. La liqueur saturée par du carbonate de zinc, filtrée et évaporée, donne notamment des cristaux de lactate de zinc, reconnaissables au microscope. Caséine ordinaire ou caséine lactique seraient donc deux termes équivalents.

Enfin, de la caséine précipitée par un acide organique, acide lactique, acétique ou tannique, laissée un temps suffisant dans l'alcool, perd son acide de combinaison et revêt une apparence et des caractères uniformes; par exemple, elle donne avec l'acide sulfurique bouillant 120 ou 125^{cc} d'oxyde de carbone pour 1 gramme de substance desséchée, quelle que soit son origine. Cette constatation permet de démontrer à nouveau que la caséine, coagulée spontanément, renferme de l'acide lactique; car, après un lavage très-complet du caséum, l'alcool dans lequel on fait digérer la substance a dissous de l'acide lactique. Pour obtenir des cristaux de lactate de zinc avec cet alcool de lavage, il faut y ajouter une trace d'acide sulfurique avant d'y introduire le carbonate de zinc, parce qu'un peu de la substance albumineuse s'est dissoute dans la liqueur et gêne la réaction.

Ce procédé permet aussi de retrouver de l'acide acétique dans la caséine précipitée à froid par cet acide. En neutralisant l'alcool où a macéré le coagulum, on obtient par le perchlorure de fer la coloration rouge caractéristique de l'acide acétique. De même pour la caséine tannique; l'alcool de macération donne très-nettement les réactions du tannin. Les acides volatils, ayant servi à précipiter la caséine d'un lait très-frais, peuvent également se retrouver en les déplaçant dans le vide par un acide fixe.

Par conséquent, les divers acides organiques ou minéraux qui coagulent le lait entrent dans la constitution du caséum, et l'acide lactique est l'un des éléments de la caséine coagulée spontanément.

§ Influence des sels sur la coagulation de la caséine.

La coagulation spontanée de la caséine serait le résultat de la combinaison de l'acide lactique avec la substance azotée du lait. Mais on a fait des objections à cette manière de concevoir la formation du coagulum. M. Selmi[1] a montré que du lait franchement alcalin, additionné d'un peu de présure et chauffé à 60°, se coagule au bout de quelques minutes, sans que sa réaction cesse d'être alcaline. MM. Verdeil et Robin[2] se sont appuyés sur ce fait pour nier que la coagulation du lait soit la conséquence de l'action de l'acide lactique.

L'expérience de M. Selmi est irréprochable; ses résultats sont constants; mais on peut l'interpréter d'une manière toute différente. Du lait normal, additionné d'un sel neutre ou alcalin, sulfate, phosphate, chlorure, lactate, etc., précipite plus ou moins abondamment dès que l'on chauffe le mélange. Il suffit de filtrer pour séparer le coagulum, qui est quelquefois pulvérulent, et l'eau de filtration est toujours très-alcaline. Ce qui se passe dans cette coagulation paraît fort simple, le sel a été décomposé, son acide s'est porté sur la caséine et a formé avec cette substance un composé insoluble que l'on peut

---

[1] Selmi, *J. de pharm. et de ch.*, 1846, t. IX, p. 265.
[2] Robin et Verdeil, *Chimie anat. et physiol.*, t. III, p. 336.

recueillir et analyser, tandis que sa base est restée à l'état de dissolution dans le petit-lait et lui a communiqué une réaction alcaline. Par conséquent, l'acide qui coagule la caséine n'a pas besoin d'être libre; la décomposition du sel que l'on a ajouté au lait peut amener sa coagulation sous l'influence de la chaleur.

Dans l'expérience de M. Selmi, le mécanisme de la coagulation de la caséine serait identique. La présure ou la membrane animale que l'on fait intervenir convertit très-rapidement le lactose en acide lactique (Liebig) ; celui-ci est saturé par l'alcali ajouté en excès; mais, à la faveur d'une température de 50 ou 60°, le lactate formé se dédouble, et l'acide lactique, en se combinant à la caséine, détermine sa précipitation sans que le lait cesse d'être alcalin. Le caséum obtenu au moyen d'un lactate a donné, par l'acide sulfurique bouillant, autant d'oxyde de carbone que le caséum de formation spontanée.

Des doubles décompositions analogues doivent se produire lorsque l'on coagule à la température de l'ébullition un lait un peu ancien. 100 grammes de lait de vache, au sortir du pis, exigent environ $0^{gr}136$ d'acide sulfurique pour être neutralisés; dans un lait à peu près neutre, il existerait déjà $0^{gr}25$ 0/0 d'acide lactique ; or, le lait dont on dispose est habituellement acide. Il renferme donc des lactates et de l'acide lactique, en quantité insuffisante pour produire une coagulation spontanée, mais qui pourront intervenir lorsque le lait sera bouilli pour le conserver ou pour en faire usage. De là les fins grumeaux de caséine insoluble qui ont été signalés dans le liquide un peu ancien[1], presque tout le lait livré à la consommation parisienne a été chauffé avant d'être débité. Il résulte encore de cette influence des lactates qu'il faut prendre le lait immédiatement après la traite, ou éviter d'élever sa température, lorsqu'on veut le coaguler par un acide autre que l'acide lactique et obtenir un caséum pur, susceptible d'être étudié avec fruit.

Enfin, 100 grammes de lait ordinaire renfermant près de 1 gramme de phosphates, chlorures, sulfates, etc., les acides de ces sels doivent avoir la même action, lorsqu'on chauffe le lait avant de le coaguler. Cependant, pour obtenir une coagulation abondante par le seul intermédiaire des sels, il faut en forcer la dose d'une manière assez sensible.

L'acide lactique serait l'agent de la coagulation spontanée de la caséine; mais, en même temps que le sucre de lait se transforme en acide lactique, il se produit de l'acide carbonique, cause reconnue de la coagulation de l'albumine, de la globuline et de la fibrine. On devait donc rechercher si ce gaz ne se rencontre pas dans le caséum. On constate, à l'aide de la machine pneumatique à mercure, que 10 grammes de caséine humide renferment seulement 1^{cc} d'acide gazeux, et 10 grammes de caséine sèche, $4^{cc}4$; la petite quantité de sels que

---

[1] Commaille, *Moniteur des hôpitaux*, 1866, t. VIII, p. 902.

retient le coagulum explique très-bien la présence de cette faible proportion. De plus, un courant d'acide carbonique passant dans du lait n'y produit aucun dépôt, et un carbonate alcalin, sous l'influence d'une élévation de température, demeure sans action.

M. Wurtz[1] a reconnu que le lait doit aux phosphates qu'il renferme la propriété de ne pas être coagulé par l'acide carbonique. Lorsque ces phosphates lui ont été enlevés par la dialyse ou par tout autre procédé, la caséine dissoute est précipitée directement par l'acide carbonique et le coagulum est redissous par un courant d'air. La substance a donc pris les caractères de la globuline, résultat auquel nous a amenés chacune de nos études sur la coagulation.

Un bon procédé pour préparer cette caséine pure consiste à redissoudre par l'ammoniaque le caséum, obtenu spontanément ou par l'acide chlorhydrique agissant à froid. On déplace ensuite par la dessiccation l'ammoniaque et les sels ammoniacaux qui ont pris naissance. La substance albuminoïde ne doit plus contenir ni acide, ni sel ammoniacal, lorsqu'elle est sèche. Elle a l'aspect de l'albumine et se redissout en totalité. La chaleur ne doit pas troubler sa solution ; si ce caractère se produisait, il faudrait la reprendre par l'alcali volatil et la soumettre à une nouvelle évaporation.

Cette caséine est précipitée directement par l'acide

---

[1] Wurtz, *loc. cit.*

carbonique; mais, lorsqu'on lui rend les phosphates qui ont disparu pendant les lavages du coagulum, l'acide carbonique ne la coagule plus; tandis que les acides lactique et acétique la coagulent à froid et les lactates alcalins à une douce température.

CONCLUSIONS GÉNÉRALES.

———

L'ensemble de nos expériences sur les diverses substances albuminoïdes permet d'assimiler le phénomène de
la coagulation à une précipitation chimique.

La transformation de la substance soluble en un composé insoluble est produite par l'intervention d'un acide,
masqué habituellement par l'alcalinité de la liqueur.

Cet acide indispensable à la formation du coagulum ne
préexiste ni dans le lait, ni dans les muscles, ni même
dans les liquides normaux de l'organisme, le sang excepté.
Au contraire, l'acide qui coagule la fibrine et les liqueurs
albumineuses proprement dites, préexiste dans le sang,
le blanc d'œuf et les liquides de secrétion ou pathologiques de l'économie :

1° L'acide carbonique est l'agent de la coagulation de
l'*albumine* et du sérum. Ses effets ne se produisent qu'à
une température élevée, parce que les sels ammoniacaux
qui se trouvent normalement dans les solutions albumineuses, mettent obstacle à son action.

L'albumine privée de sels volatils est précipitée à froid par l'acide carbonique et transformée en un corps jouissant des principales propriétés de la globuline.

2° L'acide carbonique est également la cause de la coagulation de la *fibrine*. Le départ de ce gaz, obtenu par exosmose ou par tout autre procédé, rend le sang incoagulable.

Chez les êtres vivants, l'acide carbonique est hors d'état de coaguler la fibrine dissoute dans le plasma, parce qu'il est combiné aux globules rouges, qui sont doués d'une grande affinité pour ce gaz. Les hématies l'enlèvent aux tissus et l'éliminent par l'intermédiaire des poumons et des sécrétions glandulaires ou cutanées.

L'oblitération des voies d'excrétion de l'acide carbonique entraîne son passage dans le plasma et des accidents de coagulation intravasculaire, amenés par rétention directe (asphyxie pulmonaire) ou par altération des globules (suppression de la transpiration cutanée).

Le déplacement du gaz acide du sang par l'oxygène de l'air détermine la coagulation spontanée de la fibrine, lorsqu'une membrane animale ne permet pas sa diffusion rapide dans l'atmosphère.

La fibrine se coagule dans l'intérieur des vaisseaux après une ligature, un ralentissement extrême de la circulation ou une inflammation, parce que de l'acide carbonique, produit d'oxydation directe ou de voisinage, s'accumule dans le sang au delà des limites de saturation des globules sanguins.

Les thromboses veineuses ou capillaires se développent spontanément dans les affections cachectiques, parce qu'il survient une altération des globules rouges, caractérisée par la diminution de leur pouvoir absorbant pour l'oxygène ou pour le gaz acide du sang.

3° La rigidité cadavérique est la conséquence de l'accumulation dans les muscles du même gaz acide, développé sous l'influence des lentes oxydations qui se produisent à l'air.

Pendant la vie, l'hématose veineuse, en enlevant l'acide carbonique aux tissus, empêche la coagulation musculaire, de même que l'hématose pulmonaire ou artérielle, en éliminant l'acide carbonique des globules sanguins, met obstacle à la coagulation de la fibrine ou du sang.

4° La coagulation du lait est précédée d'oxydations comme la coagulation musculaire, oxydations qu'accompagne la transformation du lactose en acide lactique. La caséine est coagulée par cet acide à la température ordinaire, ou par les lactates alcalins à une température de 50 ou 60°.

EXPLICATION DES FIGURES.

Fig. 1. — M. *Machine pneumatique à mercure.*

ABC. Disposition pour l'extraction des gaz et des sels volatils de l'albumine.

EF. Vase à interposer en H pour doser les sels volatils.

Fig. 2. — *Appareil pour l'extraction des gaz du sang.*

L. Lancette à introduire dans le vaisseau de l'animal en expérience; le tube LI est rempli d'eau bouillie avant l'opération. N. tube pour mesurer le volume du sang.

G. Ballon d'analyse. L'extrémité H' s'adapte à la machine pneumatique en II.

Fig. 3. — *Aspirateur à mercure pour conserver le sang à l'abri du contact de l'air.*

Il est muni d'un tube à lancette pour prendre le sang au vaisseau. En ouvrant le robinet K, le mercure dont est rempli l'appareil s'écoule et produit une aspiration. Le tube K s'adapte au ballon G lorsque l'on veut procéder à l'analyse des gaz.

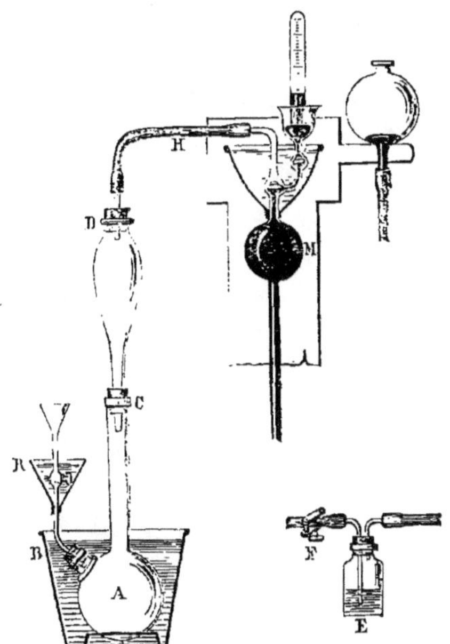

Fig. 1.

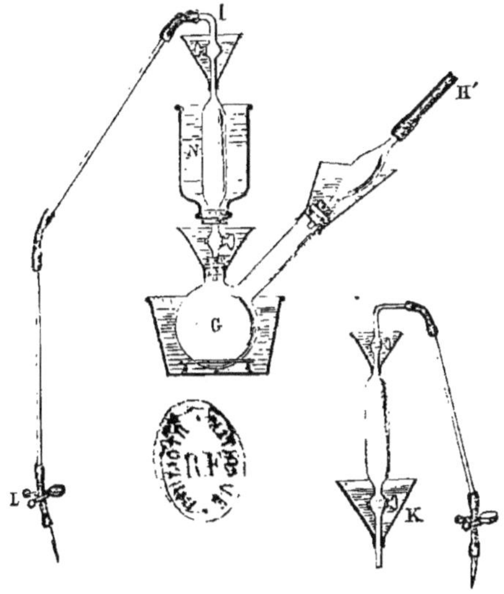

Fig. 2.   Fig. 3

EXPÉRIENCES

REPRODUITES SOUS FORME DE TABLEAUX.

———

Clichy. — Imprimerie Paul Dupont, rue du Bac-d'Asnières, 12. (1261-74.)

EXPÉRIENCES SUR LE ROLE DES GAZ DANS LES PHÉNOMÈNES
DE COAGULATION

CAUSES ET MÉCANISME

DE LA

COAGULATION DU SANG

ET DES

PRINCIPALES SUBSTANCES ALBUMINOÏDES

PAR

LE Dʳ Ed. MATHIEU

Médecin-major, agrégé libre de l'École du Val-de-Grâce

ET

V. URBAIN

Ingénieur, répétiteur à l'École Centrale.

PARIS

G. MASSON, ÉDITEUR

LIBRAIRE DE L'ACADÉMIE DE MÉDECINE

17, PLACE DE L'ÉCOLE-DE-MÉDECINE, 17

1875